P. PHILIPPOT

CAPITAINE AU 4ᵉ RÉGIMENT DE ZOUAVES

TOPOGRAPHIE DE CAMPAGNE

TOME III

CROQUIS PERSPECTIFS
ET PANORAMIQUES

LA RÈGLE GRADUÉE ET LE CERCLE DE VISÉE

AVEC 59 FIGURES DANS LE TEXTE

BERGER-LEVRAULT, LIBRAIRES-ÉDITEURS

PARIS | NANCY
5-7, RUE DES BEAUX-ARTS | RUE DES GLACIS, 18

1918

Prix net : 4 francs.

TOPOGRAPHIE DE CAMPAGNE

TOME III

CROQUIS PERSPECTIFS ET PANORAMIQUES

P. PHILIPPOT

CAPITAINE AU 4ᵉ RÉGIMENT DE ZOUAVES

TOPOGRAPHIE DE CAMPAGNE

TOME III

CROQUIS PERSPECTIFS
ET PANORAMIQUES

LA RÈGLE GRADUÉE ET LE CERCLE DE VISÉE

AVEC 59 FIGURES DANS LE TEXTE

BERGER-LEVRAULT, LIBRAIRES-ÉDITEURS

PARIS	NANCY
5-7, RUE DES BEAUX-ARTS	RUE DES GLACIS, 18

1918

CROQUIS PERSPECTIFS ET PANORAMIQUES

Les troupes d'attaque allemandes avaient été retirées des tranchées depuis plusieurs mois et soumises à un entraînement spécial pour la guerre en rase campagne.

Des cartes saisies sur les prisonniers montrent le mécanisme de l'assaut et la progression du barrage roulant.

Chaque sous-officier *était muni d'*un croquis au 1/10 000ᵉ *de toute la position à enlever, mis à jour au 10 mars dernier,* et le pliage de la carte *permettait de suivre facilement la progression à la fois* sur le plan et sur un croquis panoramique du terrain.

(Rapport sur l'offensive allemande en Picardie. *31 mars 1918*.)

AVANT-PROPOS

Combien de fois n'ai-je pas entendu dire, au cours de ces dernières années de campagne, à quoi peuvent bien servir les croquis perspectifs et quels renseignements le commandement peut-il bien retirer de panoramas plus ou moins bien venus, pour la plupart du temps faits de chic, et n'est-ce point perdre un temps précieux que d'essayer d'initier de jeunes camarades à l'art difficile du paysagiste?

Ces appréciations énoncées un peu à la légère ne résistent pas à quelques mois de pratique; ceux qui ont mis réellement la main à la pâte savent qu'un croquis perspectif bien fait vaut souvent mieux qu'un long rapport et que quelques coups de crayon judicieusement placés mettent en évidence, bien mieux que de longues phrases, le point important d'une position reconnue.

Mais ce qu'il importe surtout de préciser c'est que le croquis perspectif de campagne n'a rien de commun avec un paysage dont la valeur dépend seulement de l'habileté d'exécution de son auteur; c'est au contraire un document militaire qui doit être clair et net, établi suivant des règles précises; et si, dans l'exécution d'un travail de ce genre, l'officier doit appliquer quelques règles très simples de perspective, ce n'est point pour produire des effets d'art, mais simplement pour éviter des erreurs grossières de rendu qui feraient de son travail un document illisible.

A tout travail de précision, il faut des instruments : ce sont pour les croquis perspectifs à vues rapprochées la *règle graduée* que tout officier peut avoir dans sa musette ; pour les travaux plus importants à vues éloignées, le *cercle de visée du bataillon*.

Indiquer clairement la méthode à employer pour utiliser ces deux instruments dans l'exécution d'un croquis perspectif, énoncer quelques règles fondamentales de perspective, éclairer la démonstration par de nombreux exemples pratiques : tel est le but des notes qui suivent. Elles permettront, je l'espère du moins, de mettre en quelques heures de travail tout officier en mesure de remplir sa mission, soit qu'il soit chargé du service de l'observation, soit que, rentrant d'une reconnaissance souvent périlleuse, il veuille exactement traduire pour ses chefs tout ce que ses yeux ont vu, tout ce que son intelligence a saisi.

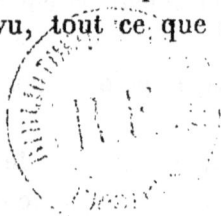

TOPOGRAPHIE DE CAMPAGNE

CROQUIS PERSPECTIFS ET PANORAMIQUES

1. — On a appris en topographie de campagne (¹) les procédés qui permettent de représenter le relief du terrain sur un croquis établi en courbes de niveau; le croquis perspectif permet de représenter le terrain tel qu'il apparaît aux yeux d'un observateur. Le croquis en courbes et le croquis perspectif se complètent, le premier donnant l'image du terrain vu d'en haut, le second, le terrain tel que l'observateur le voit d'un point choisi comme station à la surface du sol.

Dans le croquis perspectif, les mouvements de terrain apparaissent en élévation; l'horizon visible du point de station est nettement déterminé, les accidents de terrain se présentent sous leur aspect familier et non sous une forme conventionnelle; le relief se détache vigoureusement, les positions dominantes et les positions dominées ressortent clairement et frappent l'œil. Ces croquis permettent suivant les cas :

1° De donner une vue d'ensemble d'une position militaire déterminée ;

2° De faire nettement ressortir pour un même poste de surveillance ou pour un même observatoire les zones qui

_____

(¹) *Topographie de campagne*, tome I, chapitre VII.

sont utilement surveillées ou celles qui échappent à toute
surveillance ;

3° De préciser et de mettre en évidence certains détails,
certaines particularités importantes d'une position militaire
par une image exacte établie à grande échelle.

Dans la guerre actuelle où l'observation tenace, patiente
et minutieuse des positions ennemies, la précision dans la
rédaction et la transmission des renseignements recueillis
sont une règle absolue, on ne peut négliger un procédé
d'observation et de reconnaissance tel que le croquis perspectif, qui devient ainsi l'auxiliaire indispensable du plan
directeur ; mais il faut, pour en tirer tout le parti possible,
mettre à la portée de tous une méthode pratique et rapide
pour opérer sur le terrain : le but de la présente note est de
l'exposer aussi simplement et aussi clairement que possible.

2. *Définitions.* — Supposons un observateur placé
derrière un carreau de vitre ; il regarde le paysage sans

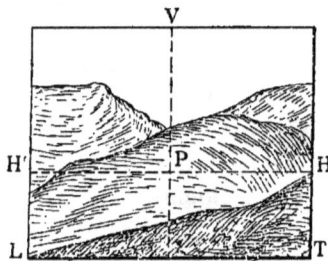

Fig. 1.

remuer la tête ; son regard
embrasse une partie du terrain qui s'étend devant lui.
Il peut suivre, avec son doigt
promené sur la vitre, tous les
détails du paysage. Supposons qu'il fixe sur la vitre
une feuille de papier trans-
parent et qu'il trace avec un
crayon sur cette feuille de
papier les différents contours du paysage et tous les détails
qu'il voit nettement ; notre observateur aura fait ainsi un
excellent croquis perspectif (fig. 1).

Des appareils nombreux, et notamment la chambre noire,
ont été construits pour exécuter des croquis de cette
nature ; mais en campagne, au contact de l'ennemi, on ne
peut avoir avec soi un matériel toujours encombrant ; il
fallait trouver autre chose et travailler avec ce qu'un chef

de section a toujours avec lui : une feuille de papier, un crayon et un double décimètre.

3. — Reprenons notre carreau de vitre ; la feuille de papier placée sur la vitre (fig. 1) s'appellera le *tableau ;* la base ou bord inférieur du papier, la *ligne de terre,* LT ; le bord supérieur, la *ligne de ciel.*

Nous pouvons bien supposer un plan horizontal passant par l'œil de l'observateur ; ce plan coupera la feuille de papier et le paysage suivant une horizontale HH', que l'on appellera *ligne d'horizon* (fig. 1).

Supposons également un plan vertical passant par l'œil de l'observateur ; ce plan coupera le tableau et le paysage suivant une verticale V, que l'on appellera verticale principale ou *verticale première.*

La ligne d'horizon et la verticale première se coupent en un point P ; nous l'appellerons *point principal.* Le point principal est évidemment le pied de la perpendiculaire abaissée de l'œil sur le tableau ou, si l'on veut, la projection de l'œil sur le tableau.

La distance de l'œil de l'observateur à la vitre ou au tableau s'appelle la *distance principale* (fig. 1).

4. — La ligne d'horizon et la verticale première divisent le tableau en quatre parties : deux en dessus, deux en dessous de la ligne d'horizon ; deux à droite, deux à gauche de la verticale première (fig. 1).

La position de l'œil de l'observateur détermine la position de la ligne d'horizon et de la verticale première ; si l'observateur est

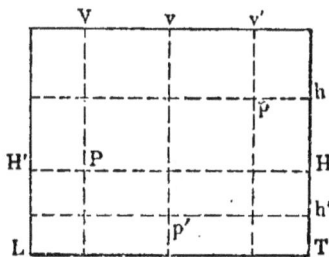

Fig. 2.

debout derrière la vitre, la ligne d'horizon sera en HH' par exemple (fig. 2); s'il s'assied, la ligne d'horizon se rapprochera de la ligne de terre; s'il monte sur un tabouret, elle remontera vers la ligne de ciel.

De même pour la verticale première, si l'observateur se déplace vers la gauche du tableau, la verticale première se rapprochera du bord gauche; s'il va vers la droite, la verticale viendra vers le côté droit du tableau.

Suivant la partie du paysage qu'il veut reproduire, l'observateur se tiendra debout, assis ou monté sur un tabouret; il se tiendra au centre, ou vers la gauche, ou vers la droite du tableau; il se rapprochera de la vitre ou s'en éloignera. Comme en photographie, il cherchera *son point de vue;* en croquis perspectif, le point de vue est fonction de la ligne d'horizon, de la verticale première et de la distance principale.

5. ***Perspective d'un point.*** — Soient le tableau T (fig. 3), la ligne de terre LT.

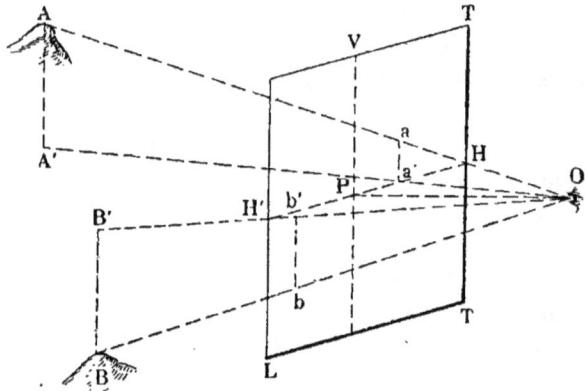

Fig. 3.

L'observateur a trouvé son point de vue, son œil est en O; HH' est la ligne d'horizon; V la verticale première; P le point principal et OP la distance principale.

Soit maintenant un point A du terrain dont il faut obtenir la perspective.

Le rayon visuel qui de l'œil de l'observateur va au point A, coupe le tableau en a : ce point a est la perspective du point A de l'espace ; de même b est la perspective du point B situé en dessous de la ligne d'horizon.

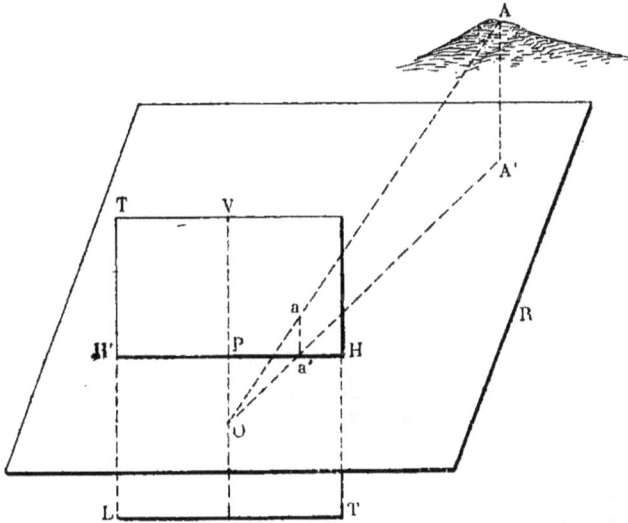

Fig. 4.

A′ est la projection du point A sur le plan horizontal qui passant par l'œil de l'observateur coupe le plan du tableau, suivant la ligne d'horizon ([1]) ; les triangles AA′O et aa'O sont rectangles et semblables. Ces deux triangles sont situés dans le plan vertical qui passe par l'œil de l'observateur et le point A de l'espace.

Considérons maintenant le plan horizontal qui passe par l'œil de l'observateur (fig. 3) ; le triangle OPa' est rectangle en P. Il est reproduit dans la figure 4.

([1]) *Topographie de campagne*, tome 1, 5, 6 et 7.

R est le plan horizontal passant par l'œil de l'observateur; HH', la ligne d'horizon; V, la verticale principale.

A est le point de l'espace dont a est la perspective sur le tableau; A' est la projection du point A sur le plan horizontal R. Les triangles AA'O et aa'O sont dans un plan vertical; le triangle OPa' est dans le plan horizontal passant par l'œil de l'observateur. On voit immédiatement que, si l'on pouvait mesurer pratiquement sur le terrain la distance verticale $a\,a'$ et la distance horizontale Pa', la perspective a du point de l'espace A serait exactement placée. Il suffirait, en effet, de porter à partir du point principal P la longueur Pa', d'élever en a' une perpendiculaire, et de porter sur cette perpendiculaire une longueur égale à $a'a$.

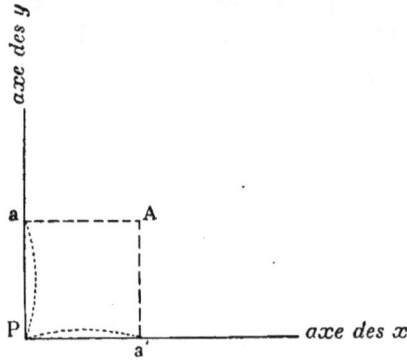

Fig. 5.

C'est l'application du système des coordonnées employé pour placer un point sur le plan directeur [1].

Les coordonnées d'un point A (fig. 5) sont :

1º L'abscisse ou longueur horizontale comptée sur l'axe des x, Pa';

2º L'ordonnée ou longueur verticale comptée sur l'axe des y, Pa.

En topographie perspective, la ligne d'horizon sera l'axe des x; la verticale première l'axe des y. L'origine, ou le zéro de la graduation, sera au point principal (fig. 6).

Les abscisses seront comptées à partir de ce point vers la droite ou vers la gauche de la verticale première; les

_____

(1) *Topographie de campagne,* tome I, 97.

ordonnées, à partir de ce point en dessus ou en dessous de la ligne d'horizon.

Pour ne pas gêner le dessin, la graduation sera tracée en millimètres par exemple, ou de cinq millimètres en cinq millimètres, sur les bords du tableau, comme l'indique clairement la figure 6. Le travail sera de beaucoup simplifié si l'on fait usage de papier quadrillé.

6. — Nous venons d'exposer la théorie; il s'agit maintenant de passer à la pratique.

Quel est l'instrument qui nous permettra de mesurer rapidement sur le terrain, en face d'une position à lever perspectivement, les longueurs horizontales ou verticales que nous venons de désigner sous le nom d'abscisses et d'ordonnées? Un double décimètre, ou mieux une règle divisée en milli-

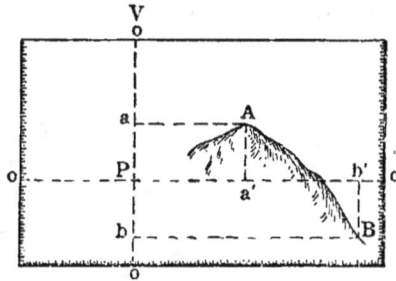

Fig. 6.

mètres, de trente centimètres de longueur, que l'on trouve facilement dans le commerce et qui peut être logée dans la musette de l'officier en campagne (¹).

Soient O la position de l'œil et un point A de l'espace dont il faut déterminer la perspective.

L'observateur fait franchement face au terrain dont il veut faire le croquis perspectif. Il tient sa règle verticalement à une distance de l'œil OP, qui est la distance principale (fig. 4 et 7).

Il fait passer un rayon visuel horizontal OPB et lit sur la règle la graduation correspondante, 14 mm par exemple; il vise ensuite le point A, et lit la graduation affleurée par

---

(1) *Topographie de campagne*, tome I, 26 *bis*, 8) et 90.

le rayon visuel OA, soit 29 mm. L'ordonnée cherchée est égale à 29 — 14 = 15 mm.

Il faut maintenant trouver l'abscisse du même point A.

L'observateur place la règle horizontale; il fait passer un rayon visuel par la verticale première (fig. 4 et 8), et il lit le nombre de millimètres indiqué, soit 18 mm; il fait passer un rayon visuel par le point A et il lit la graduation marquée, 39 mm. L'abscisse du point A est égale à 39 — 18 = 21 mm.

Sur sa feuille de papier l'observateur porte au moyen de la graduation marquée sur les bords (fig. 6) l'abscisse Pa' = 21 mm, puis l'ordonnée Pa. Au point d'intersection des coordonnées, il a en A la perspective du point A de l'espace.

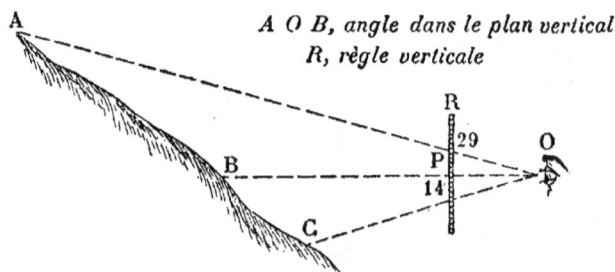

A O B, angle dans le plan vertical
R, règle verticale

Fig. 7.

La double opération, visée dans le plan vertical (ordonnée), visée dans le plan horizontal (abscisse), peut donc être faite très rapidement; mais il faut observer les recommandations essentielles suivantes :

7. — 1° L'observateur fait face franchement au terrain à lever; sans remuer la tête, il doit voir devant lui les lignes fictives, ligne d'horizon et verticale première, dont l'intersection donne le point principal, base de toute l'opération (fig. 4).

Il faut donc fixer, repérer ce point sur le terrain; on y arrive en prenant sur le terrain même un point remarquable, facile à marquer et à retrouver, par exemple une haie, un angle de maison, une meule de paille, un arbre, un poteau télégraphique.

Ce point principal est dans le plan horizontal passant par l'œil de l'observateur; on peut marquer d'autres points situés au même niveau que le point principal; l'ensemble de ces points jalonnera sur le terrain la ligne d'horizon.

C'est ainsi que, dans la figure 9, la ligne d'horizon est jalonnée par l'arbre A, la maison M, le changement de pente C; le point principal par le clocher N qui donne en même temps la verticale première.

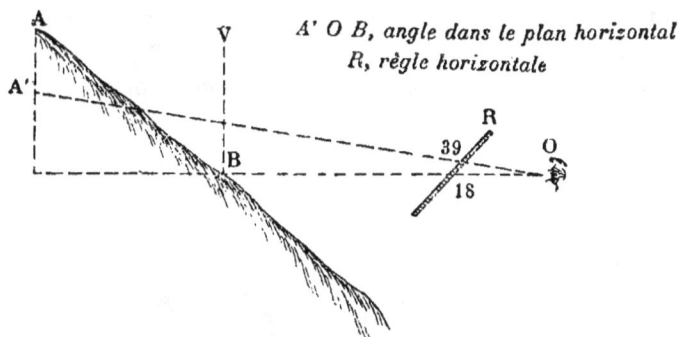

A' O B, angle dans le plan horizontal
R, règle horizontale

Fig. 8.

Il ne faut pas oublier que le niveau à perpendicule donne un moyen très rapide de fixer sur le terrain tous les points qui sont sur la ligne d'horizon ([1]). Quand l'observateur tient à hauteur de son œil le niveau à perpendicule, et vise en maintenant le fil à plomb sur la graduation O, le bord supérieur du niveau donne un rayon visuel horizontal; tous les points du terrain ainsi visés sont nécessairement sur la ligne d'horizon.

(1) *Topographie de campagne*, tome I, 22, 24 et 25.

8. — 2° L'observateur est libre de déterminer la distance principale, OP sur les figures 7 et 8, comme il l'entend,

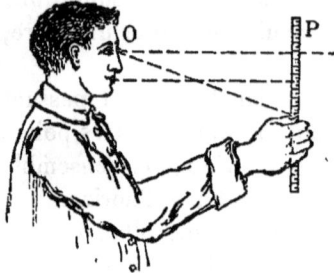

Fig. 8 *bis*.

suivant le point de vue qu'il a choisi ; mais, une fois l'opération commencée, cette distance doit rester invariable, c'est-à-dire que pour toutes les opérations à effectuer, l'observateur doit toujours tenir la règle à la même distance de son œil. Il y arrivera en fixant la règle à un cordonnet terminé par un bouton ; le cordonnet a exactement la longueur OP. L'observateur fait ses opérations en plaçant le bouton dans sa bouche et en tenant le cordonnet tendu.

La distance principale est généralement prise égale à

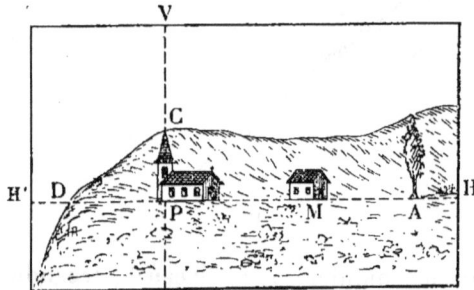

Fig. 9.

5o cm ou 25 cm ; quelquefois on se libère du cordonnet en tenant toujours la règle le bras tendu ; mais, je le répète, la longueur OP ne dépend que du point de vue choisi ; une fois déterminée, elle doit rester invariable pendant toute la durée de l'opération.

Champ de vision ; échelles des croquis perspectifs.

9. — Nous avons dit que l'observateur doit se placer face au terrain, voyant exactement devant lui le point remarquable qui repère le point principal (7), par où passent la ligne d'horizon et la verticale première, et faire toutes ses visées sans remuer la tête, c'est-à-dire sans incliner la règle à droite ou à gauche en lui donnant, par exemple, les positions S et S′ indiquées sur la figure 10. Le champ de vision est par suite limité par cette restriction ; on admet qu'on pourra opérer, en la respectant, dans un secteur de 45°.

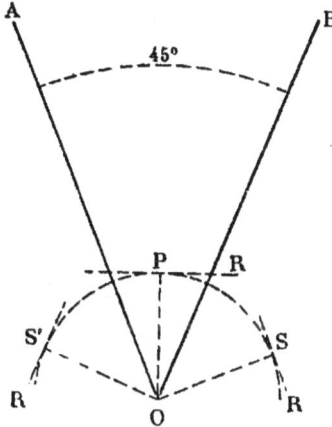

Fig. 10.

Soient O, la position de l'œil de l'observateur ; OP, la distance principale. Le champ de vision sera limité par les deux rayons visuels OB et OA se coupant en O sous un angle de 45° (fig. 10).

L'angle de vision restant constant et égal à 45°, le champ de vision s'agrandit quand on éloigne l'œil du tableau, c'est-à-dire quand on augmente la distance principale ; si au contraire on réduit cette distance, le champ de vision diminue (fig. 11).

10. — Supposons la distance principale fixée à 50 cm par l'observateur (fig. 12). L'angle de vision AOB = 45°.

En résolvant le triangle rectangle POH nous trouvons :

$$PH = 0^m 20 ; OH = 0^m 54$$

par suite : $$HH' = 2 \times PH = 0^m 40.$$

Par conséquent, si l'opérateur fixe la distance principale à 5o cm, le tableau ou la feuille de papier sur laquelle il pourra dessiner tout le secteur compris dans l'angle de vision de 45°, devra avoir pour base une longueur de 4o cm.

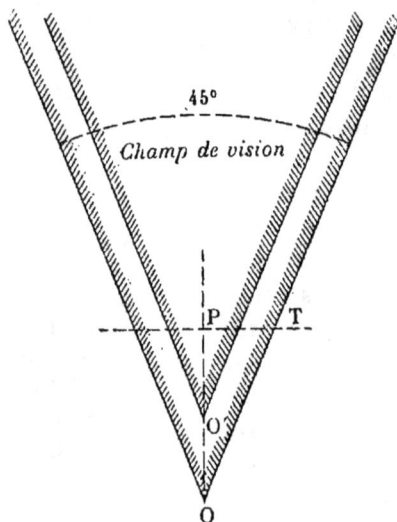

Fig. 11.

A 5oo m de l'œil de l'observateur, la bande de terrain vue sans remuer la tête mesurera une longueur de :

$$\frac{CD}{5oo} = \frac{0,4}{0,5} = \frac{4}{5} = \frac{8}{10}$$

$$\frac{CD}{5oo} = \frac{8}{10}$$

$$CD = \frac{5oo \times 8}{10} = 4oo \text{ m.}$$

A 1.000 m, le terrain vu mesurera 8oo m de largeur;
A 2.000 m, le terrain vu mesurera 1.6oo m de largeur;
A 3.000 m, le terrain vu mesurera 2.4oo m de largeur.
Si trouvant cette longueur de 4o cm exagérée, l'observa-

teur réduit la distance principale à 25 cm, la feuille de
papier n'aura plus qu'une longueur de 20 cm (fig. 13).

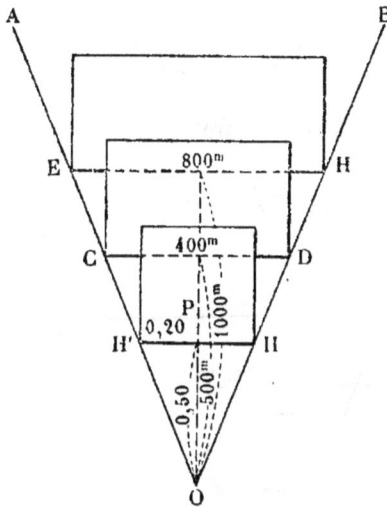

Fig. 12.

A 500 m de l'œil de l'observateur, la bande de terrain
vue sans remuer la tête mesurera :

$$\frac{CD}{500} = \frac{0,20}{0,25} = \frac{2}{2,5} = \frac{8}{10}$$

$$\frac{CD}{500} = \frac{8}{10}$$

$$CD = \frac{500 \times 8}{10} = 400 \text{ m.}$$

Comme précédemment, le terrain vu à 1.000 m de l'œil
de l'observateur mesurera 800 m; 1.600 à 2.000 m;
2.400 à 3.000 m; mais, au lieu d'exiger pour être repré-
senté en entier une feuille de papier de 40 cm de longueur,
il ne demandera qu'une feuille de 20 cm (fig. 12 et 13).

11. — L'angle de vision restant égal à 45°, le rapport entre la distance principale et la largeur du tableau (de la feuille de papier) est sensiblement égal à 1,25, soit (fig. 14) :

$$\frac{OP}{H'H} = \frac{O'P}{hh'} = \frac{O''P}{bb'} = 1,25.$$

12. — Les applications pratiques de cette relation sont les suivantes :

Un officeir chargé de faire un croquis perspectif a fixé

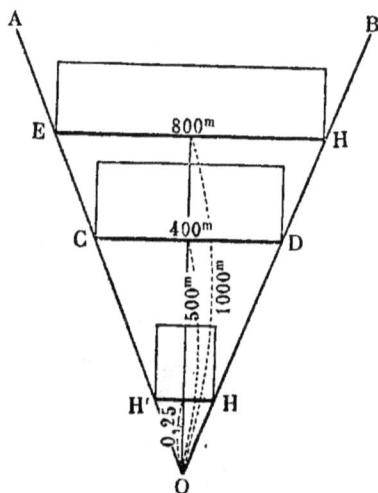

Fig. 13.

son point de vue; la distance principale est de 25 cm. Quelle largeur doit-il donner à la feuille de papier sur laquelle il va dessiner?

$$\frac{OP}{HH'} = 1,25 \qquad OP = 0,25.$$
$$0,25 = 1,25 \; HH'$$
$$HH' = \frac{0,25}{1,25} = 0^m 20.$$

L'officier donnera à son tableau une largeur de $0^m 20$; s'il trouve cette dimension trop grande, il diminuera la distance principale et prendra $0^m 20$ par exemple. Son tableau aura alors :

$$HH' = \frac{0,20}{1,25} = 0^m 15 \text{ de largeur.}$$

13. — *Un officier se propose de faire le croquis perspectif d'une position. Il sait (par la carte ou par une mesure directe faite sur le terrain) qu'il est à 600 m de la position. Il veut faire son croquis à grande échelle. Quelle distance principale adoptera-t-il? (Fig. 15.)*

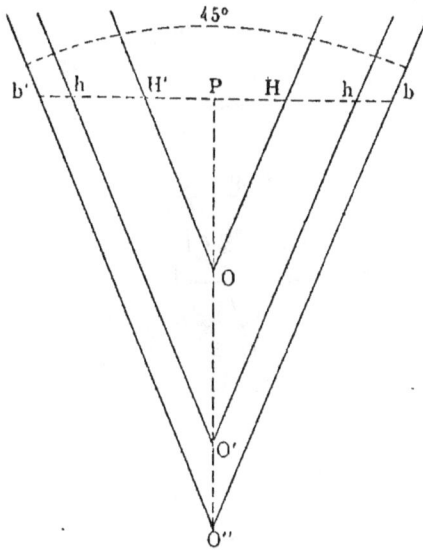

Fig. 14.

Il faut tout d'abord remarquer que, quelle que soit la distance principale qu'il adoptera, l'officier ne verra de la position, sous l'angle de 45°, qu'une bande de terrain dont il calculera la largeur comme il suit :

Dans les triangles semblables AOB et HOH', il aura :

$$\frac{600}{AB} = \frac{OP}{HH'} = 1{,}25$$

$$600 = AB \times 1{,}25$$

$$AB = \frac{600}{1{,}25} = 480 \text{ m.}$$

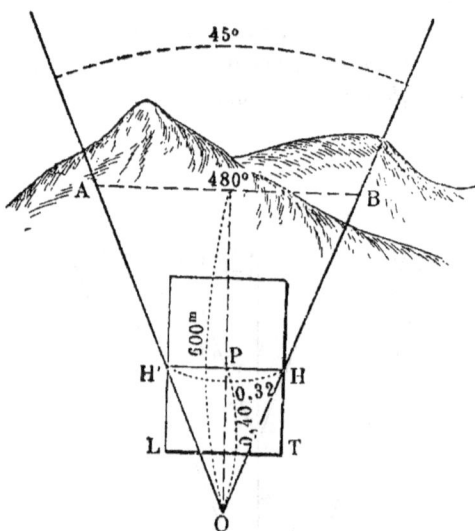

Fig. 15.

S'il prend pour distance principale 0^m40, il aura :

$$\frac{OP}{HH'} = 1{,}25$$

$$\frac{0{,}40}{HH'} = 1{,}25 ; \quad HH' = \frac{0{,}40}{1{,}25} = 0^m 32.$$

Par conséquent, le front visible de 480 m de largeur sera dessiné sur une bande de papier de 0^m 32 de largeur ;

s'il trouve cette échelle trop grande, il pourra réduire la distance principale de moitié; son dessin mesurera alors 0ᵐ 16 de base.

14. — *Un officier en reconnaissance constate que les Allemands viennent d'évacuer une ferme importante. Il veut joindre à son rapport de reconnaissance un croquis perspectif de la position abandonnée; mais il ne dispose que d'un carnet de poche dont les feuillets mesurent 12 cm de largeur. Comment opérera-t-il?* (Fig. 16.)

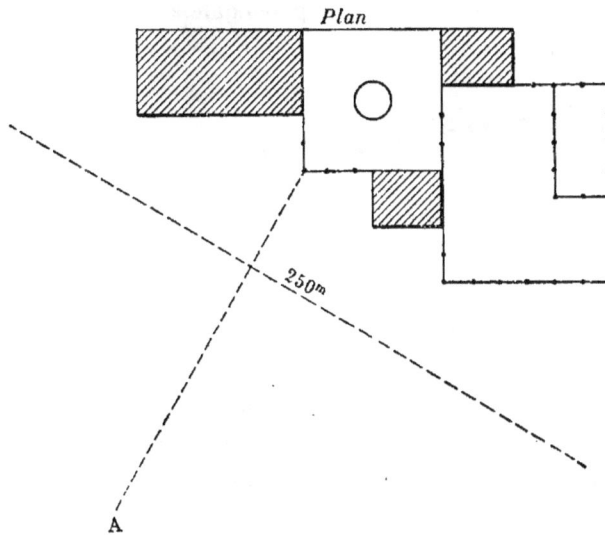

Fig. 16.

Dans ce cas, la distance principale est fonction de la largeur du papier dont l'officier dispose, 12 cm.

Elle sera égale à : $\dfrac{OP}{\Pi'H} = 1,25.$

$\dfrac{OP}{0,12} = 1,25$: $OP = 1,25 \times 0,12 = 0^m 15.$

Il devra se placer à une distance telle que le front qu'il veut relever tienne en entier sur sa feuille de papier. Il estime que la ferme et ses abords intéressants couvrent un front de 250 m ; il aura : $\dfrac{AB}{OC} = 1,25$

$$\frac{250}{OC} = 1,25$$

$$OC = \frac{250}{1,25} = 200 \text{ m.}$$

L'officier se placera en A à 200 m de la ferme ; il travaillera avec une distance principale égale à 15 cm.

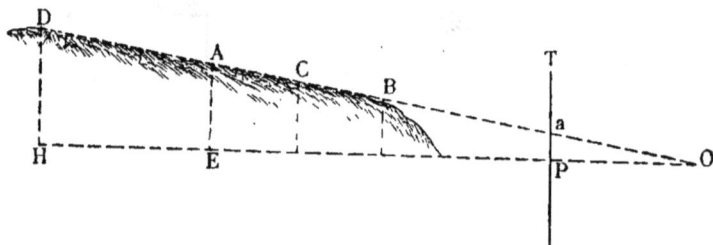

Fig. 17.

15. — Nous venons d'étudier les variations de l'échelle des distances horizontales (abscisses) d'un croquis perspectif ; il faut examiner maintenant comment varient les distances verticales (ordonnées).

Soient O l'œil de l'observateur, OP la distance principale, T le tableau (fig. 17).

Le point A de l'espace a pour perspective sur le tableau le point a, point où le rayon visuel OA coupe le tableau ; mais tous les points de l'espace B, C, D, par où passe le rayon visuel OA, ont pour perspective le même point a. Tous ces points ont des abscisses différentes suivant leur éloignement de la verticale première ; mais ils ont une ordonnée égale en grandeur à P a.

16. — On voit sur la figure 17 que, pour un point quelconque situé sur l'oblique OD, A par exemple, on aura la relation $\dfrac{AE}{EO} = \dfrac{aP}{OP}$; de même pour le point D.

$$\frac{DH}{HO} = \frac{aP}{OP}.$$

Application. — *Un poteau télégraphique de 8 m de hauteur est à 3oo m de l'œil de l'observateur. La distance principale est de o^m 25. Quelle sera la hauteur du poteau sur le croquis perspectif?* (Fig. 18.)

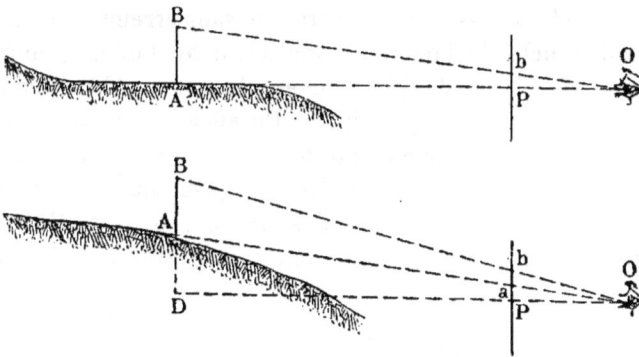

Fig. 18.

1er CAS : Le poteau est sur la ligne d'horizon :

Nous aurons :
$$\frac{BA}{AO} = \frac{Pb}{PO}$$

$$\frac{8}{3oo} = \frac{Pb}{0,25} \; ; Pb = \frac{8 \times 0,25}{3oo} = 6^{mm}5.$$

2e CAS : Le poteau est en dessus ou en dessous de la ligne d'horizon :

Nous aurons :
$$\frac{BD}{DO} = \frac{bP}{PO}$$

$$\frac{AD}{DO} = \frac{aP}{PO}.$$

Nous pouvons écrire :

$$\frac{BD\text{-}AD}{DO} = \frac{bP - aP}{PO}.$$

Mais : $BD - AD = BA.$ $bP - aP = ba.$

En remplaçant :

$$\frac{BA}{DO} = \frac{ba}{PO}$$

ou bien :

$$\frac{8}{300} = \frac{ba}{0,25}$$

$$ba = \frac{8 \times 0,25}{300} = 6^{mm}5.$$

17. RÉSUMÉ. — On admettra que sans erreur appréciable les distances de l'œil de l'observateur au tableau, pour un angle de vision de 45°, peuvent être considérées comme égales à la distance principale. En effet, pour une distance principale OP égale à 0^m 50 (fig. 12), le rayon extrême OH est égal à 0^m 54 ; pour une distance principale de 0^m 25, le rayon extrême OH est égal à 0^m 26 (fig. 13). En topographie perspective, ces différences peuvent être négligées.

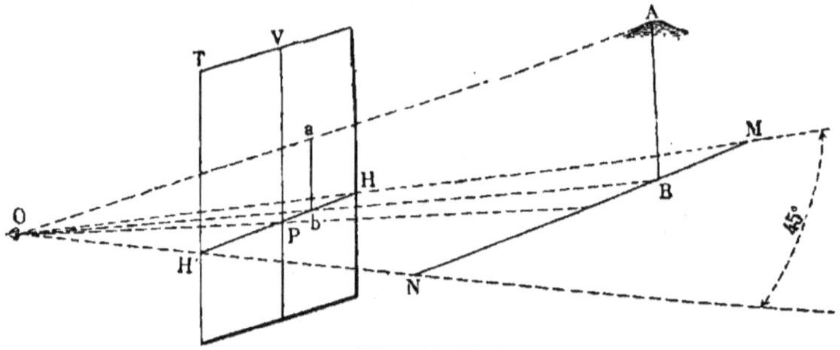

OP = d   HH' = l
ab = o   OB = D
AB = H   MN = F

Fig. 19.

Ceci admis, adoptons les notations suivantes (fig. 19) :
OP = distance principale = d ;

HH′ = ligne d'horizon = largeur de la bande de papier formant tableau = l ;

ab = ordonnée d'un point A de l'espace = o ;

OB = distance horizontale du point A à l'œil de l'observateur = D ;

AB = distance verticale du point A au-dessus ou au-dessous du plan horizontal = H ;

MN = largeur F d'un front parallèle au tableau et situé à une distance D de l'œil de l'observateur.

L'angle de vision étant toujours égal à 45°, nous aurons les relations suivantes :

(1)
$$\frac{d}{l} = 1,25.$$

(2)
$$\frac{D}{F} = 1,25.$$

(3)
$$\frac{o}{d} = \frac{H}{D}.$$

Ces trois relations, faciles à retenir, permettront à un officier d'arrêter rapidement sur le terrain, en connaissance de cause, les bases de son travail : distance principale et échelle des longueurs horizontales (abscisses) et des longueurs verticales (ordonnées) et de les fixer exactement suivant le but qu'il se propose de réaliser :

Croquis perspectif d'une grande étendue, embrassant l'horizon visible d'un observatoire par exemple, ou bien le croquis panoramique de plus petite étendue présentant le terrain visible d'un poste de surveillance, ou encore un croquis à grande échelle faisant ressortir tous les détails d'une ligne de maisons et de clôtures constituant la lisière d'un village, ou bien les détails extérieurs et les abords d'une ferme organisée par l'ennemi en réduit.

18. *Applications.* — *Un officier veut lever le croquis perspectif d'une position qui s'étend en profondeur sur une*

longueur de 1.600 m environ. Quelles dispositions prendra-t-il ? (Fig. 20.)

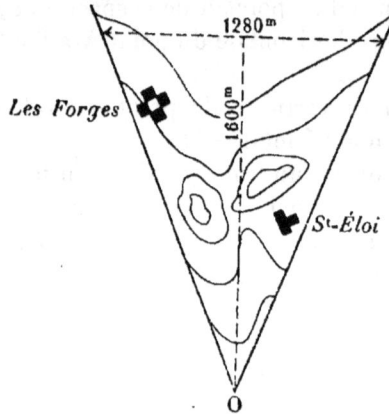

Fig. 20.

S'il fixe sa distance principale à 0^m50, il aura pour longueur de la bande de papier sur laquelle il va dessiner :

formule (1)
$$\frac{d}{l} = 1,25;$$

$$l = \frac{d}{1,25} = 0^m 40 \cdot$$

A 1.600 m, son regard (angle de vision 45°) embrassera un front de :

formule (2)
$$\frac{D}{F} = 1,25;$$

$$F = \frac{D}{1,25} = \frac{1.600}{1,25} = 1.280 \text{ m}.$$

Dans la région, les maisons à rez-de-chaussée ont généralement de 6 à 7 m de hauteur, à un étage 10 à 12 m. Devant lui, il a le village des Forges à 1.500 m ; le village de Saint-Éloi à 700 m.

Sur le croquis, les maisons à rez-de-chaussée de ces deux villages seront représentées par des ordonnées respectivement égales à :

formule (3)
$$\frac{o}{d} = \frac{H}{D}.$$

Les Forges $\dfrac{o}{d} = \dfrac{H}{D}$; $o = \dfrac{0^m 50 \times 7}{1.500} = 2^{mm}5$ environ.

Saint-Éloi $o = \dfrac{0,50 \times 7}{700} = 7$ mm.

L'officier voit tout de suite quel sera sur le papier l'aspect de son croquis, et si les mesures qu'il a adoptées lui permettent bien de réaliser le but qu'il s'est proposé.

Pour lui les détails des périmètres des villages ne l'intéressent pas ; il lui suffit d'indiquer exactement l'emplacement des villages ; mais il veut surtout faire ressortir l'importance au point de vue militaire de deux mamelons dont le relief sur la plaine est de 60 et 45 m environ, et qui sont situés à 800 m du point d'observation. Il aura pour ordonnées de ces deux mamelons :

formule (3)
$$\frac{o}{0,50} = \frac{60}{800} = 37 \text{ mm}$$

$$\frac{o}{0,50} = \frac{45}{800} = 28 \text{ mm}.$$

Ces dimensions lui paraissent suffisantes pour placer tous les détails qu'il veut faire ressortir. Il préparera donc un tableau de $0^m 40$ de largeur, réglera ensuite le cordonnet de sa règle à $0^m 50$ et se mettra au travail.

19. — *Les Boches occupent le village de Saint-Éloi (fig. 21) : les patrouilles ayant signalé du relâchement dans la surveillance ennemie, le commandement décide de tenter un coup de main sur la position.*

Le capitaine chargé de l'opération envoie des reconnais-

*sances journalières pour étudier la position et ses abords ;
un de ses officiers peut s'approcher à 250 m de la lisière
du village sur laquelle se produira l'attaque : il voit distinc-
tement les maisons, le débouché des rues barricadées, les
brèches faites dans les murs de clôture les fils de fer
l'emplacement des engins de flanquement.*

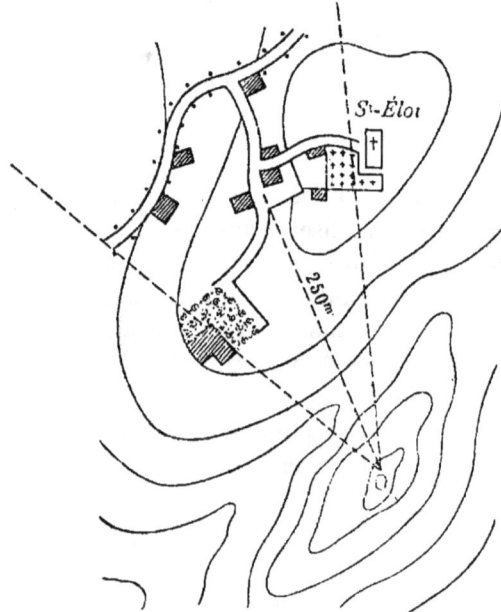

Fig. 21.

*Comprenant tout l'intérêt qu'il y aurait à rapporter à son
chef une image exacte de ce qu'il a sous les yeux, il se
décide à faire un croquis perspectif de la position. Quelles
dispositions prendra-t-il ?*

La lisière du village mesure 80 m ; ses abords intéressants environ 60 m à droite et à gauche ; soit un front de
200 m à lever.

Les maisons du village ont en moyenne une hauteur de
10 à 12 m.

L'officier tâte d'abord la distance principale de 0ᵐ 25.

L'échelle des ordonnées sera déterminée par la formule 3 (17).

$$\frac{o}{d} = \frac{H}{D}; \; o = d \times \frac{H}{D} = \frac{0,25 \times 12}{250} = 0,012.$$

Une maison de 12 m aura pour ordonnée 12 mm.

Le front couvert à 250 m sera donné par la formule (2).

$$\frac{D}{F} = 1,25; \; F = \frac{D}{1,25} = \frac{250}{1,25} = 200 \text{ m}$$

soit précisément la longueur du front intéressant à lever.

La feuille de dessin aura une largeur de (formule 1) :

$$\frac{d}{l} = 1,25; \; l = \frac{0,25}{1,25} = 0^m 20.$$

Ces dispositions paraissent bonnes :

Front couvert : 200 m ;

Échelle des ordonnées 1 mm par mètre ;

Dessin de 0ᵐ 20 de largeur.

Cependant l'officier voudrait augmenter un peu l'échelle des ordonnées pour placer plus facilement les détails de la lisière ; il augmentera la distance principale d'abord choisie et prendra 0ᵐ 30.

Le front couvert sera toujours de 200 m.

L'échelle des ordonnées sera de :

$$\frac{o}{d} = \frac{H}{D}; \; o = \frac{0,3 \times 12}{250} = 0,015 \text{ environ pour 12 mètres}$$
$$\text{de hauteur.}$$

Largeur du dessin :

$$\frac{d}{l} = 1,25; \; l = \frac{0,30}{1,25} = 0^m 24.$$

Ces dispositions lui paraissant meilleures, l'officier arrêtera les dimensions de son tableau, réglera le cordonnet de sa règle à 0^{m}3o et se mettra au travail, certain de pouvoir porter et faire ressortir sur son croquis tous les détails de la défense ennemie.

20. *Croquis perspectifs surhaussés.* — Quand on opère en pays presque plat ou moyennement accidenté, il peut se faire qu'il ne soit pas possible, en raison du faible relief du terrain, de combiner les trois éléments principaux (17) :

d : la distance principale,

o : les ordonnées (échelle des ordonnées),

l : la longueur de la bande de papier sur laquelle on dessine,

pour permettre de faire ressortir nettement les accidents peu accentués du terrain sur un croquis de dimensions acceptables.

C'est une difficulté analogue à celle à laquelle on se heurte quand on fait un profil du terrain dans une direction donnée sur un croquis en courbes de niveau tracées à une équidistance relativement faible, de 5 m en 5 m par exemple ([1]).

Pour augmenter o, c'est-à-dire l'échelle des ordonnées, il faut augmenter d la distance principale (formule 3)

$$o = d \times \frac{H}{D}.$$

Mais si on augmente d, les dimensions du dessin augmentent rapidement (formule 1) $l = \dfrac{d}{1,25}$, et deviennent bientôt inacceptables : on tourne donc dans un cercle vicieux.

Pour y remédier, on fait un *croquis perspectif surhaussé*, de la même façon que l'on dessine en topographie ordinaire un profil surhaussé ([1]). On ne modifie pas sur le tableau

_____

[1] *Topographie de campagne*, tome I, 76.

(fig. 22) les divisions horizontales correspondant aux abscisses, mais on augmente dans une proportion donnée les divisions verticales correspondant aux ordonnées. Ainsi le tableau de la figure 22 est préparé pour dessiner un croquis deux fois surhaussé.

Il est évident que ce procédé peut sans trop d'inconvénients être appliqué à des croquis perspectifs embrassant une certaine étendue de terrain ; mais il ne pourrait pas être utilisé, en raison de la déformation subie dans le sens vertical, pour dessiner à peu de distance un groupe de maisons, une ferme isolée, la lisière d'un village, comme dans l'exemple précédent.

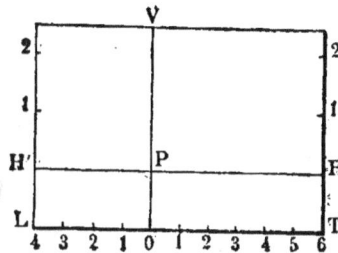

Fig. 22.

Points de distance.

21. *Définitions.* — Soient T le tableau (fig. 23), O la position de l'œil, LT la ligne de terre, HH′ la ligne d'horizon, OP la distance principale, P le point principal et VP la verticale première.

L'angle de vision HOH′ est égal à 45°.

Faisons en O deux angles de 45°. Les points D et D′ sont *les points de distance.* On remarquera tout de suite que par construction le triangle rectangle OPD est isocèle : PD = PO. Par suite les points de distance sont situés sur le prolongement de la ligne d'horizon à une distance du point principal égale à la distance principale, c'est-à-dire à la distance de l'œil au plan du tableau.

22. — Quand la verticale première divise le tableau en deux parties égales, la distance du point de distance au

bord du tableau (fig. 23) est égale à la distance principale moins la demi-largeur du tableau :

$$HD = PD - PH = d - \frac{1}{2}\, l.$$

Quand la verticale première divise le tableau en deux parties inégales m et n, le point de distance D est situé à une distance du bord du tableau égale à $d-m$; le point de distance D′ est à $d-n$ du bord gauche du tableau (fig. 24).

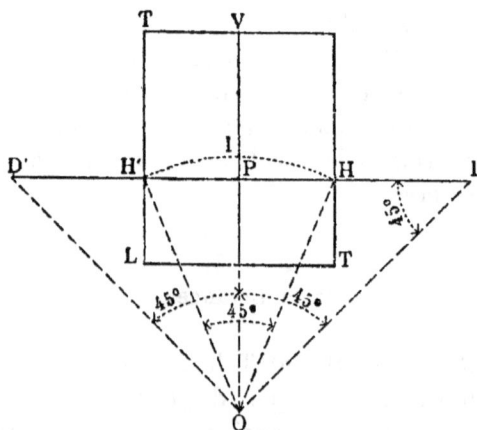

Fig. 23.

23. — Ces distances, qui sont fonction de d, seront généralement trop grandes pour qu'il soit possible de placer le point de distance sur le croquis ; il est cependant de toute nécessité, comme nous le verrons par la suite, de pouvoir facilement mener une droite partant d'un point du tableau pour aboutir à un des points de distance. On emploie le procédé suivant :

24. 1ᵉʳ CAS. — La verticale première divise le tableau en deux parties égales.

Soient T le tableau, P le point principal, D le point de distance, HH′ la ligne d'horizon (fig. 25).

La distance principale $d = 5o$ cm.

La hauteur du tableau $h = 2o$ cm.

La largeur l du tableau : $l = \dfrac{d}{1,25} = 0,4o$ (17-formule 1).

Joignons le point V au point de distance D.

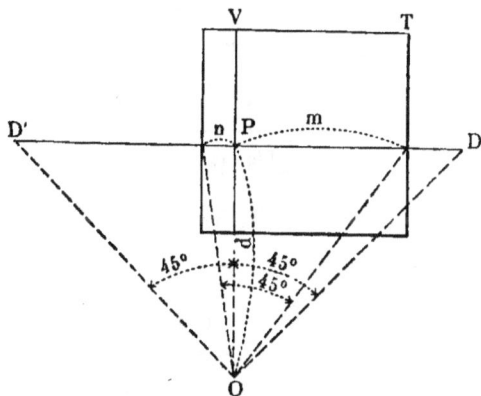

Fig. 24.

Dans les triangles rectangles semblables VPD et EHD nous avons :

$$\frac{h'}{h} = \frac{HD}{PD}$$

Par définition, PD $= d$ la distance principale.

Nous aurons :
$$\frac{h'}{h} = \frac{HD}{d}$$
$$HD = d - PH$$
$$HD = d - \frac{l}{2} ; l = \frac{d}{1,25}$$
$$\frac{l}{2} = \frac{d}{2,5o}$$

$$HD = d - \frac{d}{2,5o}$$

$$HD = \frac{2,5o\; d - d}{2,5o} = \frac{d\,(2,5o-1)}{2,5o} = \frac{1,5o\; d}{2,5o} = o,6\; d$$

$$HD = o,6\; d \text{ (formule 4)}.$$

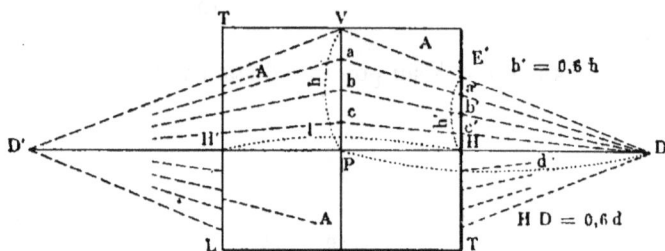

Fig. 25.

En remplaçant pour avoir la valeur de h', nous obtiendrons :

$$\frac{h'}{h} = \frac{o,6\; d}{d}$$

$$\frac{h'}{h} = o,6\,; \; h' = o,\, 6\; h.$$

Portons sur le bord du tableau une longueur h' égale à o,6 h, nous obtiendrons le point E ; joignons VE. La droite VE prolongée passera par le point de distance D. Divisons VP en un certain nombre de parties égales, 4 par exemple par les points a, b, c. Divisons de même HE en quatre parties égales par les points a', b', c'. Les droites $aa'\; bb'\; cc'$ prolongées passeront par le point de distance D.

Nous avons ainsi sur le tableau une série, un *réseau* de droites passant par le point de distance D.

En faisant la même construction pour le point de distance D', nous obtiendrons le réseau correspondant à gauche du tableau ; l'ensemble formera au-dessus de la ligne d'horizon, le *réseau aérien*. En portant les mêmes constructions au-dessous de la ligne d'horizon, on obtiendra le *réseau terrestre*. Pour ne pas gêner le dessin par ce lacis de lignes, on se contentera d'amorcer les différentes lignes du réseau par des traits tracés au crayon sur les bords du tableau, comme il est indiqué à la figure 25. Il est facile de voir que ce réseau permettra de tracer par un point quelconque du tableau une droite passant par un des points de distance. Si le point A est situé sur une des lignes du réseau, aucune difficulté; si le point A est placé entre deux lignes du réseau, il sera facile de tracer à vue d'œil la droite passant par le point A et le point de distance correspondant.

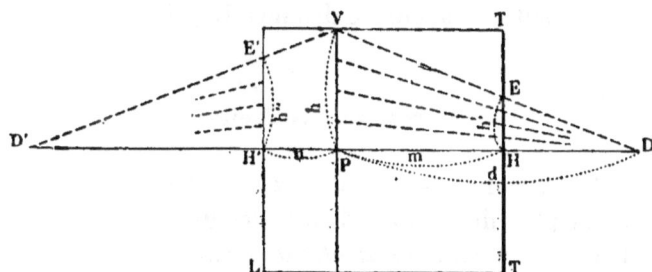

Fig. 26.

25. 2ᵉ cas. — La verticale première divise le tableau en deux parties inégales.

La verticale première divise le tableau et par suite la ligne d'horizon (fig. 26) en deux parties inégales m et n. Il faut déterminer les points E et E'.

Nous avons :

$$\frac{h'}{h} = \frac{HD}{PD} \qquad\qquad \frac{h''}{h} = \frac{H'D'}{PD'}$$

$$HD = d-m \qquad\qquad H'D' = d-n$$

$$\frac{h'}{h} = \frac{d-m}{d} \qquad\qquad \frac{h''}{h} = \frac{d-n}{d}$$

$$h' = \frac{h(d-m)}{d} \qquad\qquad h'' = \frac{h(d-n)}{d}.$$

Supposons que la distance principale $d = 5$o cm ;
la largeur l du tableau $= 4$o cm ;
h la hauteur du tableau $= 2$o cm ;
$m = 2$8 cm ; $n = 1$2 cm ; $m + n = 4$o cm.
Nous aurons :

$$h' = \frac{(0,20 \; 0,50 - 0,28)}{0,50} \quad h'' = \frac{0,20 \; (0,50 - 0,12)}{0,50}$$
$$h' = 0^m 088 \quad h'' = 0^m 152.$$

Les points E et E′ seront ainsi déterminés : il suffira de
faire la construction indiquée au cas précédent pour obtenir
sur le tableau le réseau aérien et le réseau terrestre
correspondant aux points de distance D et D′.

Perspective des droites.

26. **Définitions.** — Un *plan de front* est un plan parallèle au plan du tableau. Toutes les droites situées dans
un plan de front sont des *droites de front*.

27. — Les droites de front peuvent être perpendiculaires, parallèles, obliques au plan horizontal passant par
l'œil de l'observateur.

28. — Une droite perpendiculaire au plan horizontal est
une *verticale*.

29. — Une droite parallèle au plan horizontal est une
horizontale.

30. — Une droite de front parallèle au plan horizontal
est une *horizontale de front*.

31. — Une droite peut être *horizontale* sans être une
horizontale de front.

32. — Les droites qui ne sont pas situées dans un plan de front sont des *fuyantes*.

33. — Deux droites situées dans un même plan et qui prolongées à l'infini ne se rencontrent pas sont des parallèles.

34. — Deux droites parallèles ou deux droites qui se coupent déterminent un plan.

Perspective.

35. — La perspective d'une droite est toujours une droite.

36. — Deux points déterminent une droite : la perspective de deux points d'une droite détermine la perspective de cette droite.

37. — La perspective d'une horizontale de front est une droite parallèle à la ligne d'horizon.

38. — La perspective d'une verticale est une droite perpendiculaire à la ligne d'horizon.

39. — Les verticales et les horizontales de front paraissent de plus en plus petites à mesure qu'elles s'éloignent du tableau.

Points de fuite.

40. — Sauf pour les verticales et les horizontales de front, deux droites parallèles dans l'espace n'ont pas leurs perspectives parallèles. On connaît bien cette impression;

deux ou plusieurs lignes parallèles entre elles dans l'espace semblent converger, *fuir* vers un même point, qui en perspective se nomme *point de fuite*. Toutes les droites parallèles entre elles ont le même point de fuite.

41. — Si, par l'œil de l'observateur, on mène un rayon visuel parallèle à une droite de l'espace, le point où le rayon visuel coupe le tableau s'appelle point de fuite de la droite. Toutes les droites de l'espace parallèles à la droite considérée ont *le même point de fuite*.

42. — Les obliques sont *montantes* ou *descendantes ;* des obliques parallèles montantes ont leur point de fuite au-dessus de la ligne d'horizon ; des obliques descendantes ont leur point de fuite au-dessous de la ligne d'horizon.

43. — Les obliques parallèles, *situées dans des plans perpendiculaires au tableau,* ont leur point de fuite sur la verticale première ; en dessus de la ligne d'horizon pour les obliques montantes, en dessous de la ligne d'horizon pour les obliques descendantes.

44. — Les obliques parallèles, *situées dans des plans verticaux faisant avec le plan du tableau un angle de 45°,* ont leur point de fuite sur la verticale passant par l'un des points de distance, au-dessus de la ligne d'horizon pour les montantes, au-dessous de la ligne d'horizon pour les descendantes.

45. Résumé. — Le tableau suivant résume tout ce qui vient d'être développé au sujet des points de fuite :

Verticales . . Les *verticales* n'ont pas de point de fuite.

Horizontales.
  Les *horizontales de front* n'ont pas de point de fuite.
  Horizontales perpendiculaires au tableau : point de fuite au point principal.
  Horizontales faisant un angle de 45° avec le tableau : point de fuite aux points de distance.
  Horizontales quelconques : point de fuite sur la ligne d'horizon.

Obliques. . .				
	Obliques quelconques parallèles.	Point de fuite au point où le rayon visuel parallèle passant par l'œil de l'observateur perce le tableau.		
	Obliques parallèles montantes.	Point de fuite au-dessus de la ligne d'horizon.		
	Obliques parallèles descendantes.	Point de fuite au-dessous de la ligne d'horizon.		
	Obliques parallèles situées dans des plans perpendiculaires au tableau.	Point de fuite sur la verticale première	montantes	au-dessus de la ligne d'horizon.
			descendantes	au-dessous de la ligne d'horizon.
	Obliques parallèles situées dans des plans faisant un angle de 45° avec le plan du tableau.	Point de fuite sur la perpendiculaire passant par l'un des points de distance	montantes	au-dessus de la ligne d'horizon.
			descendantes	au-dessous de la ligne d'horizon.

Perspective des surfaces.

46. *Surfaces de front*. — Une surface est dite de front (ou bien de face) quand elle est située dans un plan parallèle au tableau (fig. 27).

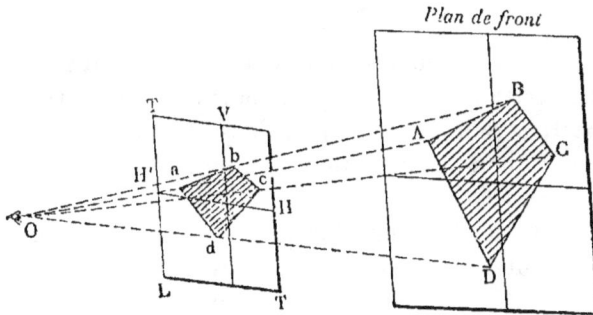

Fig. 27.

Une surface de front se perspective sans déformation, en *vraie forme,* mais non en vraie grandeur. Il n'y a pas de déformation : un carré de front, un cercle de front, ont pour perspective un carré, un cercle. La figure de l'espace et la perspective correspondante sur le tableau sont des figures semblables.

Par conséquent les dimensions de la perspective augmentent quand la figure de l'espace se rapproche de l'œil de l'observateur; elles diminuent quand la figure de l'espace s'éloigne de l'œil de l'observateur.

47. *Surfaces de même plan.* — Toutes les surfaces de front situées dans un même plan de front sont dites *surfaces de même plan*.

En perspective on dira :

Lignes ou surfaces de premier plan, pour désigner celles qui sont situées dans le plan de front le plus rapproché de l'œil de l'observateur ;

Lignes ou surfaces de dernier plan, pour désigner celles qui sont situées dans le plan de front le plus éloigné de l'œil de l'observateur ;

Lignes ou surfaces de second plan, pour désigner celles qui sont situées dans le plan de front intermédiaire entre le premier et le dernier plan.

48. — Je viens de résumer, sous une forme aussi concise et aussi nette qu'il m'a été possible, la théorie des règles de perspective qu'il faut appliquer dans un croquis perspectif, et dont la non-observation rend inintelligible tout travail de cette nature.

En pratique, la ligne d'horizon et le point de vue étant fixés suivant la méthode que j'ai développée, un débutant pourra mettre en perspective n'importe quelle position militaire à la condition de s'astreindre, dans ses premiers essais, à ne jamais tracer sur le tableau une droite à l'aventure, mais au contraire à ne la placer que par application des quelques règles de perspective que je viens d'énumérer.

On n'exige pas d'un officier qui exécute dans un but

militaire un croquis perspectif, l'habileté d'un bon paysagiste, mais on lui demande l'observation des règles pratiques que nous venons d'énumérer ; s'il les oublie ou
s'il ne les met pas en œuvre, l'officier risque fort de
commettre de grossières fautes de perspective et de fournir
par suite un travail inintelligible et dénué de toute valeur
technique.

Nous allons donner quelques applications des principes
que nous avons fixés du n° 26 au n° 47.

Mise en perspective d'une maison.

49. *Application*. — Soit une maison (fig. 28) de forme
rectangulaire, à pignon, entourée d'un mur de clôture.
Nous supposerons le mur de pignon AB et le mur de
clôture BM qui lui fait suite placés dans un plan de front Y.

Nous supposerons la maison occupant les positions
1, 2, 3, 4 et 5, et nous la mettrons en perspective pour
chacune de ces hypothèses (fig. 28).

Soient le tableau T, la verticale première VO, O le point
principal, HH' la ligne d'horizon, LT la ligne de terre, *d* la
distance principale (fig. 29). Les graduations horizontales
et verticales sont tracées sur les bords du tableau pour
permettre le report des coordonnées ; le zéro des abscisses
sur la verticale première, le zéro des ordonnées sur la
ligne d'horizon.

Position 1. — La maison a sa base sur la ligne d'horizon.

Le pignon ABGHF et le mur de clôture qui le prolonge
sont dans un plan de front ; ce sont des surfaces de front
(46). Elles se perspectivent sans déformation, en vraie
forme.

Les arêtes AG, BH, l'arête du mur de clôture MR, sont
des verticales ; elles ont pour perspective des perpendiculaires à la ligne d'horizon (38).

La perspective du mur de façade en pignon sera par suite donnée par :

1° L'abscisse du point A, Pa (fig. 28 et 29);

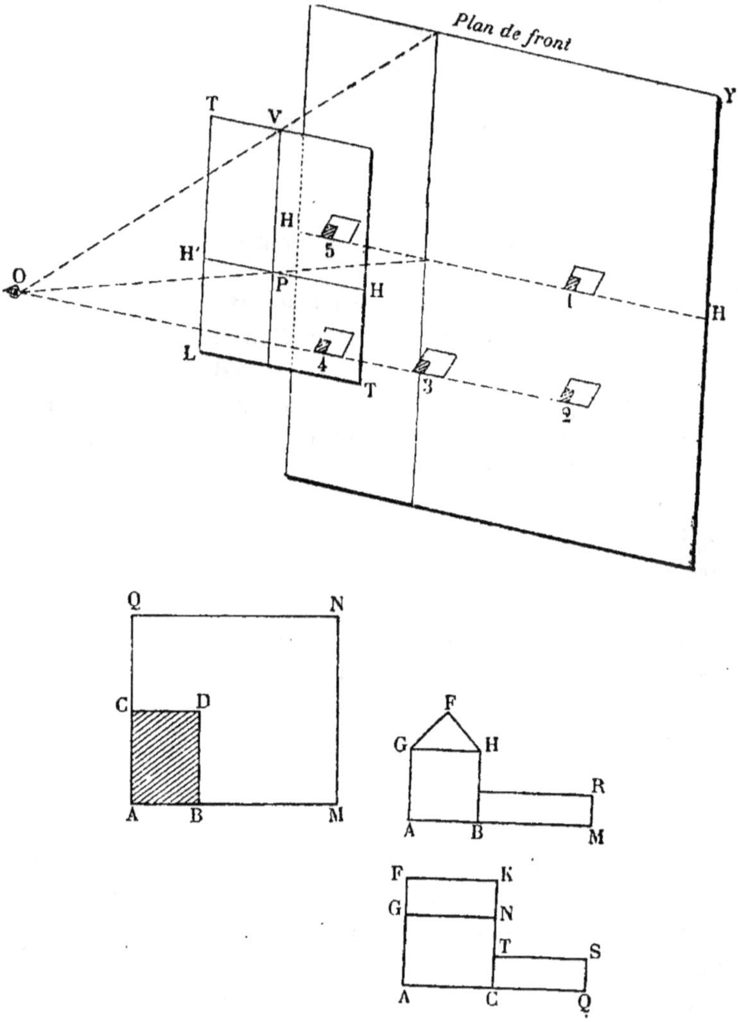

Fig. 28.

2° L'ordonnée du point G, ag;

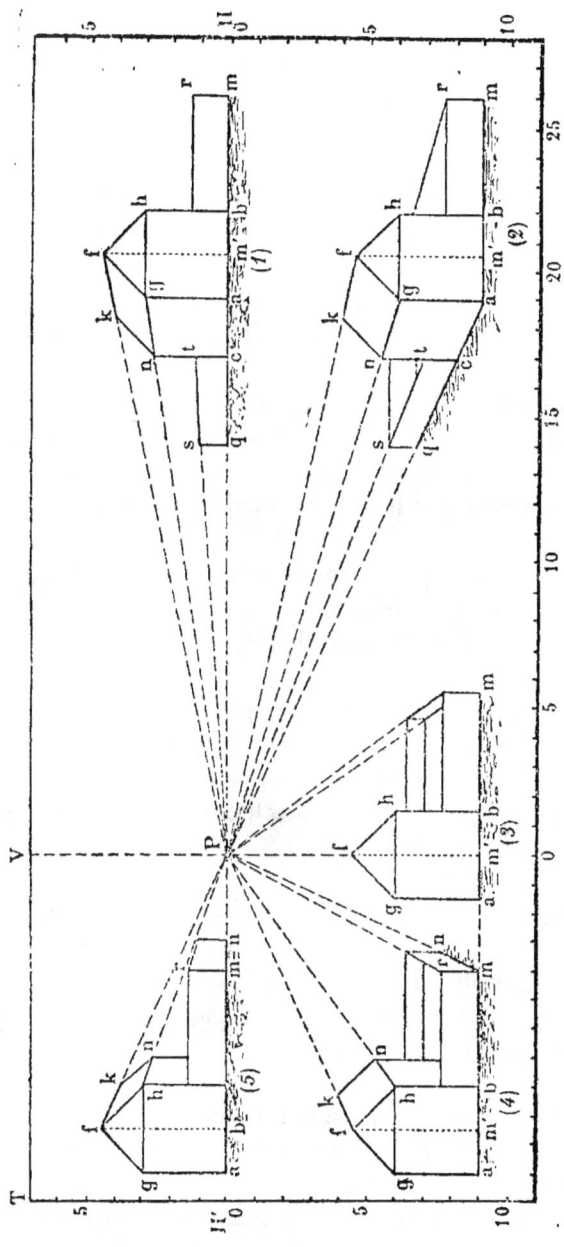

Fig. 29.

3° Les coordonnées de l'angle du pignon F, Pm' et $m'f$.

La perspective du mur de clôture sera déterminée par :

1° L'abscisse du point M, Pm ;

2° L'ordonnée du point R, mr.

Il faut maintenant placer la ligne de faîte de la toiture FK, l'arête inférieure de la toiture GN, la crête du mur de clôture TS.

Ces lignes sont des horizontales perpendiculaires au tableau ; elles ont leur point de fuite au point principal (45).

Je joins les points f, g, t au point principal P.

Je prends avec la règle l'abscisse du point Q ; je mène les verticales par les points c et q ; je les arrête aux lignes fuyantes passant par le point principal. La perspective est ainsi dessinée.

On remarquera que les deux arêtes FG et KN sont des lignes de front parallèles ; elles se perspectivent suivant des parallèles : Kn est parallèle à fg.

Position 2. — La maison est placée en dessous de la ligne d'horizon (fig. 28). Le mur de pignon et le mur de clôture restent dans le même plan de front.

La mise en perspective s'effectuera par les mêmes procédés que pour la position 1.

Position 3. — La maison est au-dessous de la ligne d'horizon ; le mur de pignon et le mur de clôture restent dans le même plan de front.

La verticale première passe par le pignon.

Le mur ACQ n'est plus visible.

Position 4. — La maison est au-dessus de la ligne d'horizon ; le mur de pignon et le mur de clôture restent dans le même plan de front.

La mise en perspective se fera comme pour la position 1.

Position 5. — La maison est sur la ligne d'horizon. La mise en perspective se fera comme pour la position 1.

50. *Remarque importante.* — La figure 29 permet déjà de montrer à un débutant comment il faut faire varier le point de vue et par suite la ligne d'horizon et la verticale première suivant le but que l'on se propose d'atteindre :

1 et 2 mettent en évidence le côté gauche de la maison ;

4 et 5 mettent en évidence le côté droit ;

3 met en évidence les détails de la façade, et ces résultats dépendent de la position de la verticale première ;

5, 1 et 2 donnent la perspective des murs extérieurs ;

4, 3 et 2 permettent d'avoir des vues sur la cour intérieure limitée par les murs de clôture. Si on élevait la ligne d'horizon HH' il serait possible de voir et de mettre en évidence tous les détails de l'organisation défensive, boyaux, tranchées, créneaux, etc., organisée par l'ennemi dans la cour intérieure.

51. *Application.* — Soit un corps de bâtiment B à mettre en perspective ; c'est une maison à un étage ; E et D sont des rez-de-chaussée. Le mur de clôture HIEG est rectangulaire. Les côtés EI et EG sont inclinés de 45° sur le plan du tableau (fig. 30).

Les points de fuite sont ici aux points de distance (45) ; ces points sont trop éloignés pour être placés sur le croquis ; de là, la nécessité de tracer le réseau des fuyantes (25).

Appliquons la formule.

Le tableau a 16 cm de largeur.

La distance principale est égale à $\dfrac{d}{l} = 1,25$.

$$d = 0,16 \times 1,25 = 0^m 20.$$

Le point principal est à 13 cm du bord droit du tableau, à 3 cm du bord gauche.

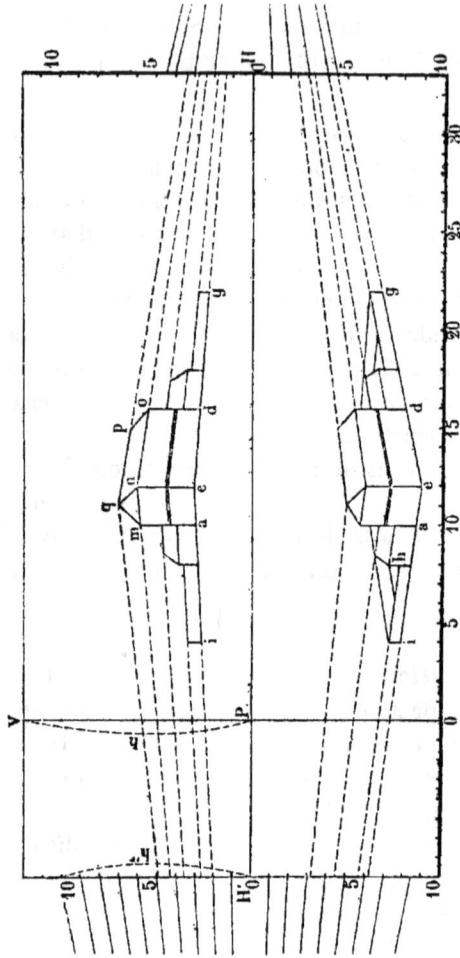

Fig. 3o.

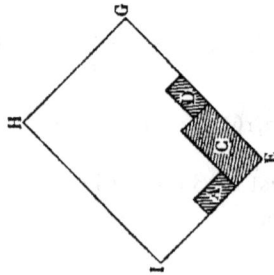

$h = 0,50$. Nous aurons (25) :

$$\frac{h'}{h} = \frac{20 - 13}{20} \qquad \frac{h''}{h} = \frac{20 - 3}{20}$$

$$h' = \frac{50\,(20 - 13)}{20} \qquad h'' = \frac{50\,(20 - 3)}{20}$$

$$h' = 17 \text{ cm} \qquad h'' = 42 \text{ cm.}$$

Portons h' sur le bord droit du cadre, h'' sur le bord gauche; divisons h, h' et h'' en un même nombre de parties égales, 4 par exemple. Joignons les points de division respectifs et traçons sur les bords du tableau la direction des fuyantes.

La feuille de dessin est préparée; nous n'avons plus qu'à régler le cordonnet à 20 cm et à prendre les coordonnées avec la règle graduée.

L'arête E est verticale; sa perspective est verticale (37).

Déterminons c, n et q par leurs coördonnées.

Les différentes lignes qui partent de ces arêtes sont des horizontales faisant un angle de 45° avec le tableau. Leurs points de fuite sont aux points de distance. Il est facile de tracer la direction de ces fuyantes en utilisant le réseau.

Le reste du travail ne présente aucune difficulté; il suffit de prendre les abscisses des différents points, d'élever des perpendiculaires et de les arrêter à leur point de rencontre avec les fuyantes correspondantes.

La figure 30 donne la perspective de la maison supposée placée en dessus ou en dessous de la ligne d'horizon.

52. — Soient (fig. 31) une ligne d'horizon HH', P le point principal, D et D' les points de distance; un point quelconque R et des horizontales passant par ce point.

Nous savons :

1° Que RA et RB perpendiculaires au tableau ont leur point de fuite au point principal;

2° Que RC et RD parallèles au tableau n'ont pas de point de fuite et se perspectivent suivant des parallèles à la ligne d'horizon;

3° Que RE inclinée de 45° sur le plan du tableau a son point de fuite au point de distance D ;

4° Que RH inclinée de 45° sur le plan du tableau a son point de fuite au point de distance D' ;

5° Que RK et RL qui ont la même inclinaison de 45° ont respectivement leur point de fuite en D et D'.

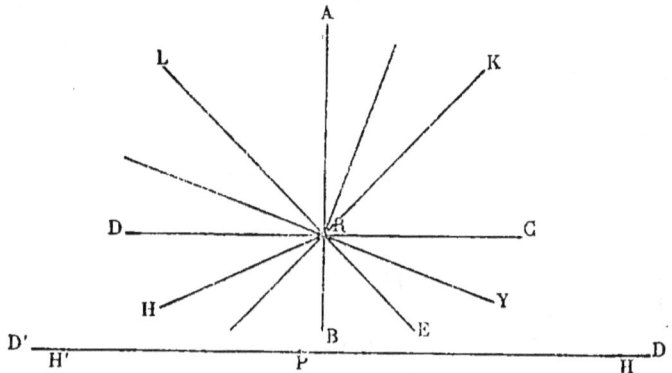

Fig. 31.

Cette remarque va nous permettre de trouver le point de fuite d'une horizontale quelconque.

Une horizontale, quelle que soit sa position dans l'espace, a toujours son point de fuite sur la ligne d'horizon.

L'horizontale RY aura son point de fuite sur la ligne d'horizon au delà du point de distance D ; ce point de fuite se rapprochera du point D quand RY se rapprochera de la position RE ; il s'éloignera de D quand RY se rapprochera de la position RC ; quand RY coïncidera avec RC, le point de fuite sera à l'infini, et RY sera devenu une horizontale de front.

Division perspective d'une fuyante.

53. — On sait diviser une droite en un certain nombre de parties égales ([1]).

Soit la droite AB à diviser en six parties égales. Il suffit de mener par le point une droite quelconque BX; porter sur cette droite six longueurs égales B*a, ab, bc, ed, de, ef*. Joindre *f* au point A, mener les parallèles *ee', dd', cc'*..... à *f*A. La droite BA sera divisée en six parties égales (fig. 3₂).

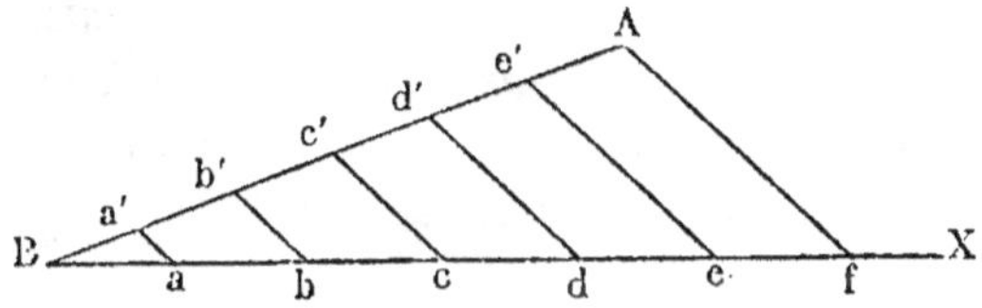

Fig. 3₂.

54. — En perspective, on opère de la façon suivante :

Soit HH′ là ligne d'horizon, P le point principal, D et D′ les points de distance, AB la perspective d'une horizontale perpendiculaire au plan du tableau. Il faut diviser AB en quatre parties égales dans l'espace (fig. 33).

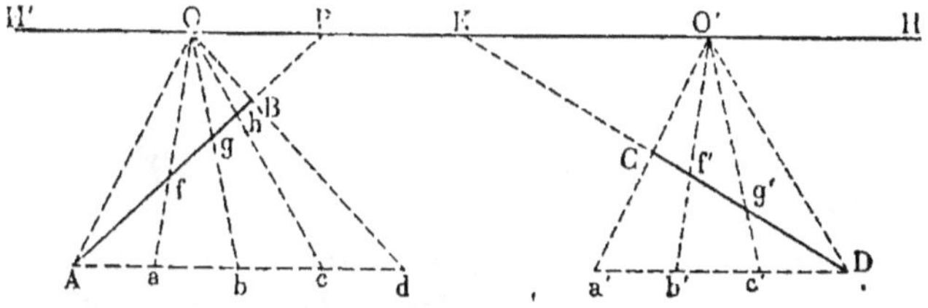

Fig. 33.

Par le point A menons une parallèle à la ligne d'horizon

([1]) *Topographie de campagne*, tome I, 38.

AE; elle peut être considérée comme la perspective d'une horizontale de front passant par le point A. Portons sur AE quatre longueurs égales quelconques, A*a, ab, bc, cd;* joignons *d* à B. La droite BE est la perspective d'une horizontale qui a son point de fuite sur la ligne d'horizon en O; joignons ce point O aux points de division *a, b, c, d :* les points d'intersection *f, g* et *h* divisent perspectivement la droite AB en quatre parties égales.

Une construction identique a permis de diviser l'horizontale CD en trois parties égales.

55. **Applications.** — *5 poteaux sont plantés à égale distance l'un de l'autre sur une ligne horizontale A'B' perpendiculaire au plan du tableau. Il faut mettre en perspective la rangée de poteaux* (fig. 34).

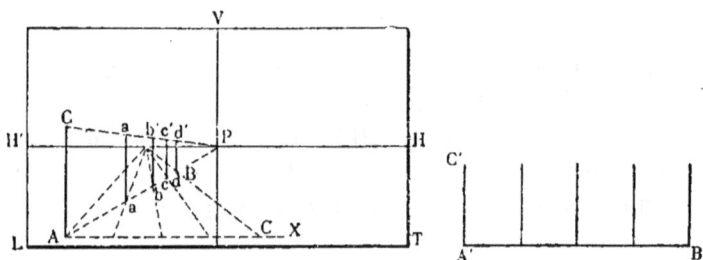

Fig. 34.

Soit AB la perspective de l'horizontale A′ B′; son point de fuite est au point principal.

Les poteaux étant à égale distance, il faut partager perspectivement en cinq parties égales la perspective AB.

Appliquons le procédé que je viens d'indiquer; les points *a, b, c* et *d* sont les pieds des poteaux; les poteaux sont des verticales; ils se perspectiveront par des verticales menées par les points de division. La tête des poteaux est sur une horizontale parallèle à AB, et par suite perpendiculaire au plan du tableau; les coordonnées du poteau A'C' étant portés en AC, cette horizontale passant par le point C aura son point de fuite au point principal; menons CP. Les poteaux auront leur perspective en *aa'*, *bb'*, *cc*.

56. — *Mettre en perspective une route plantée d'arbres* (fig. 35).

1° La route est horizontale, sa direction est perpendiculaire au plan du tableau. Plaçons sur le croquis, par leurs coordonnées, les deux arbres A et B les plus rapprochés de l'observateur; plaçons ensuite par leur abscisse les deux arbres les plus éloignés, C et D.

Sur le croquis il faut diviser perspectivement les droites *ca* et *cb* en cinq parties égales. Faisons la construction indiquée qui nous donnera la position du pied des arbres. Le sommet des arbres sera limité aux fuyantes *b'*P, *a'*P.

2° La route est horizontale, mais sa direction fait un angle de 45° avec le plan du tableau.

Les bords de la route sont des horizontales ayant leur point de fuite au point de distance de droite; il faut dans ce cas tracer le réseau comme il a été indiqué au n° 23, la verticale première étant au milieu du tableau $h' = 0,6h$.

Il suffira ensuite de placer comme dans le cas précédent les deux arbres les plus rapprochés et les deux arbres les plus éloignés, et de construire comme dans les cas précédents.

3° Même construction pour la route EH dont la direction est toujours normale au plan du tableau, mais qui est située à gauche de la verticale première.

4° Même construction pour la route EH placée à gauche de la verticale première, dont le point de fuite est au point de distance de gauche.

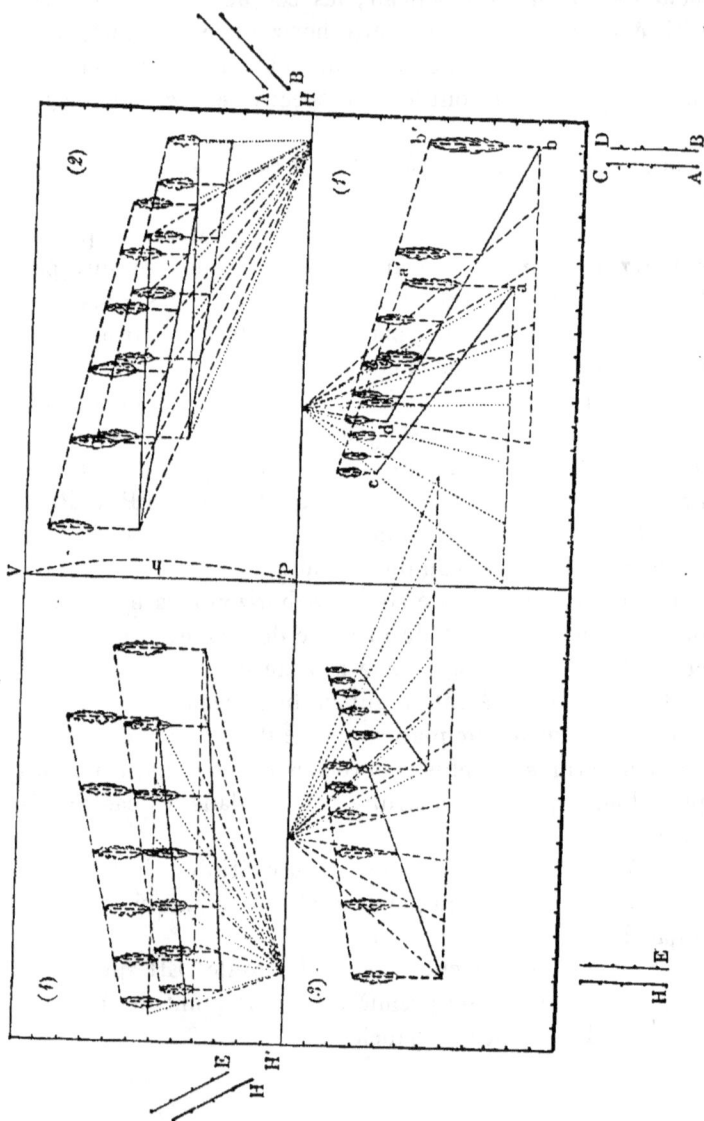

Fig. 35.

Échelle fuyante des hauteurs.

57. — Soient les lignes ordinaires (fig. 36).

Supposons un poteau **AB**, déterminé par ses coordonnées, placé au premier plan du tableau (47); portons sur un des côtés du tableau la longueur correspondante AB. Joignons A et B au point principal; les droites AP et BP constituent une *échelle fuyante des hauteurs*.

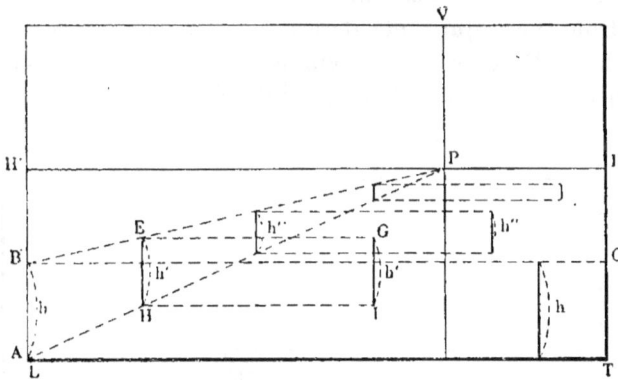

Fig. 36.

Expliquons ce que signifie cette expression.

Des poteaux de même hauteur h placés dans le même plan de front que AB seront limités en perspective par les deux horizontales BC, AD.

Si l'on considère un plan de front plus éloigné EGHI par exemple, un poteau de hauteur AB aura pour perspective h'; tous les poteaux de même plan (47) auront pour perspective la même hauteur h', que l'on obtiendra en menant les parallèles EG et HI.

Sans insister davantage, on voit que l'échelle fuyante des hauteurs donne un moyen graphique de placer rapidement en perspective des objets de même hauteur situés dans des plans différents.

Échelle fuyante des largeurs.

58. — L'échelle fuyante des largeurs donnera les mêmes facilités pour mettre en perspective des objets de même largeur situés dans des plans différents.

Soient les lignes ordinaires (fig. 37) :

AB est la base d'une maison placée dans le premier plan de front, base qui a été déterminée par les abscisses de A et de B. Portons la longueur AB sur le bord inférieur du tableau ; joignons A et B au point principal.

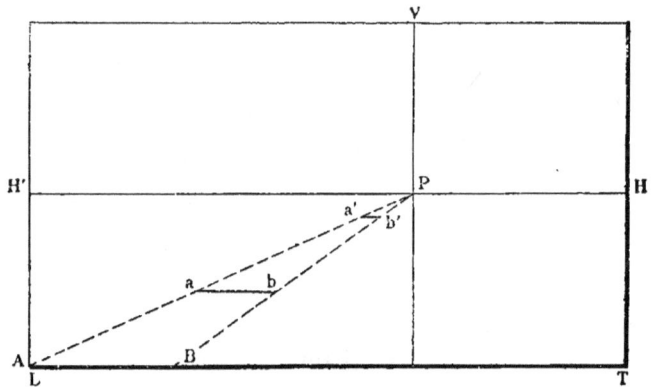

Fig. 37.

AB et BP sont les perspectives de deux horizontales parallèles perpendiculaires au plan du tableau et distantes d'une longueur égale à AB ; elles constituent une échelle fuyante des largeurs.

Si nous prenons une maison de même base, située dans un plan de front plus éloigné, la largeur de base sera donnée par *ab ;* pour une maison, de mêmes dimensions,

située au dernier plan, la largeur ne sera plus en perspective que $a'\,b'$.

59. **Remarque importante.** — La construction des
échelles fuyantes de hauteur et de largeur met en évidence
le principe déjà posé :

*Les verticales et horizontales de front n'ont pas de point
de fuite ; elles se perspectivent suivant des perpendiculaires
ou des horizontales à la ligne d'horizon ; mais leurs perspectives, maxima pour le premier plan, vont progressivement en diminuant, à mesure qu'elles s'éloignent du tableau,
pour aboutir à zéro à l'horizon.*

60. **Applications.** — Soient le tableau T et les lignes
ordinaires (fig. 38).

Supposons au premier plan un hangar de base AB et
de hauteur AB. Joignons B, A et C au point principal.

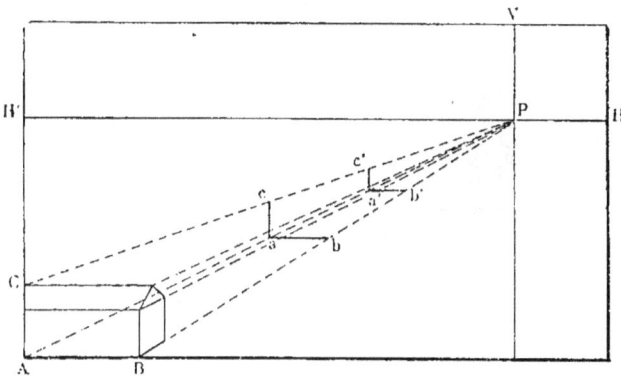

Fig. 38.

CP et AP constituent l'échelle des hauteurs ; AP et BP,
l'échelle des largeurs.

Le même hangar situé dans un plan plus éloigné aura
pour hauteur ac, pour largeur ab ;

Au dernier plan, il aura pour dimensions $a'c'$ et $a'b'$.

Droites parallèles montantes ou descendantes.

61. — Les droites quelconques parallèles montantes ont leur point de fuite au-dessus de la ligne d'horizon ; ce point de fuite est le point où le rayon visuel partant de l'œil de l'observateur parallèle aux droites de l'espace coupe le plan du tableau (40, 41, 42).

62. — Les droites quelconques parallèles descendantes ont leur point de fuite au-dessus de la ligne d'horizon (42).

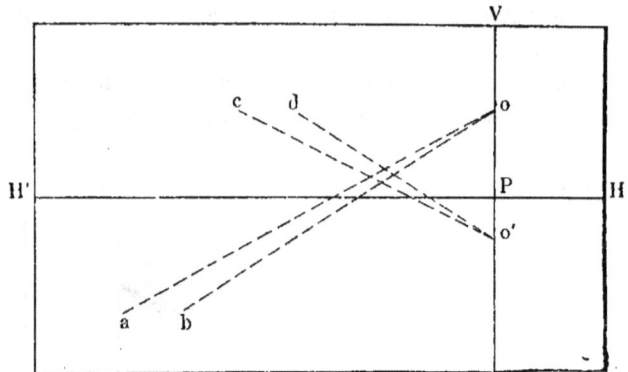

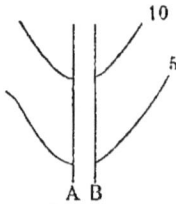

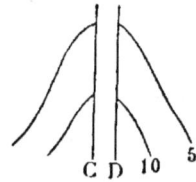

Fig. 39.

63. — Si les droites parallèles sont situées dans des plans verticaux perpendiculaires au plan du tableau, elles ont leur point de fuite sur la verticale première, au-dessus de la ligne d'horizon pour les montantes, au-dessous pour les descendantes (43).

Soient deux routes perpendiculaires au plan du tableau (fig. 39), l'une AB montante, l'autre CD descendante.

AB et CD sont dans le premier plan.

Le point de fuite pour AB sera en *o*, pour CD en *o'*.

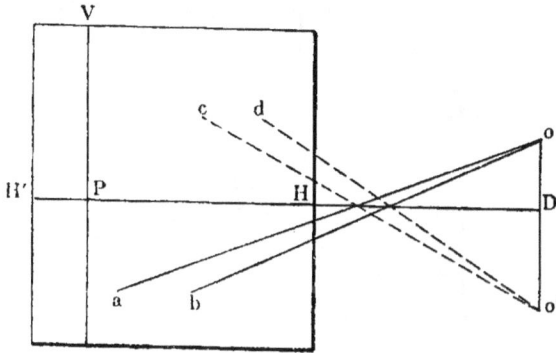

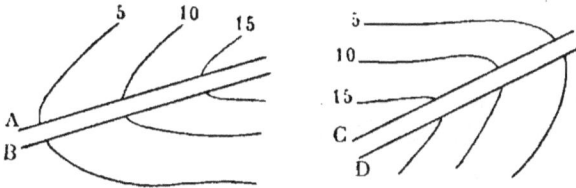

Fig. 40.

64. — Si les droites parallèles sont situées dans des plans verticaux faisant un angle de 45° avec le plan du tableau, elles ont leur point de fuite sur une perpendiculaire passant par un point de distance, au-dessus de la ligne d'horizon pour les montantes, au-dessous pour les descendantes (44).

Soient deux routes AB et CD dont la direction générale fait un angle de 45° avec le plan du tableau, l'une AB montante, l'autre CD descendante (fig. 40).

AB et CD sont dans le premier plan.

Le point de fuite pour AB sera en *o*, en *o'* pour CD.

65. *Applications*. — Quelques mises en perspective. *Mettre en perspective un clocher de forme pyramidale* (fig. 41).

La face AB est dans un plan de front; elle se perspective en vraie forme, *abmn*; les points *a* et *b* sont placés par leur abscisse, *m* par son ordonnée.

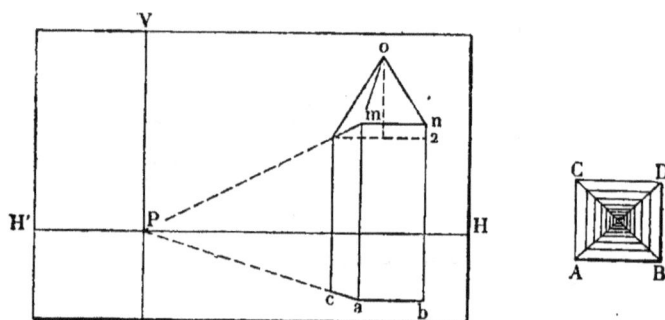

Fig. 41.

Les fuyantes *m* P et *a* P assurent la perspective de la face AC, *c* étant placé par son abscisse.

La largeur totale du clocher en perspective est *sr*; perspective du sommet sera sur la perpendiculaire élevée par le milieu de *rs*, *o* étant déterminé par son ordonnée.

Tracer les perspectives des arêtes en joignant *o* aux points *n*, *m* et *s*.

66. — *Mettre en perspective un toit à pignon* (fig. 42).

La face AB de la maison est dans un plan de front; elle se perspective en vraie forme; les fuyantes *m* P et *b* P assurent la perspective de la face BC.

Mener les diagonales de cette face *mc*, *nb*; la perspective du pignon sera sur la perpendiculaire passant par le point d'intersection *r*, *c* étant déterminé par son ordonnée.

Les arêtes OH et ME sont des obliques parallèles montantes situées dans des plans perpendiculaires au tableau; leur point de fuite sera sur une perpendiculaire passant par le point principal et au-dessus de la ligne d'horizon;

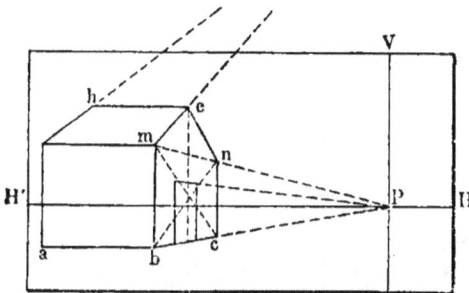

Fig. 42.

me prolongée coupe la perpendiculaire au point *p* qui est le point de fuite; joignons *o* au point *p*. La perspective de l'arête OH sera *oh*.

Les ombres.

67. — L'officier chargé d'établir un croquis perspectif n'est pas un paysagiste essayant de produire des effets d'ombre et de lumière, qui donneront à son œuvre son cachet personnel et artistique; il doit cependant connaître quelques règles pratiques qui lui permettront de placer sur son travail, établi avec toute la précision que comporte un document militaire, quelques traits de force et quelques ombres portées qui le rendront plus clair et plus intelligible.

68. — On supposera le soleil dans le plan du tableau (fig. 43).

Les rayons lumineux sont parallèles entre eux.

Soit une rangée de quatre poteaux placés sur une ligne perpendiculaire au plan du tableau, et le premier poteau qui a sa perspective en AB ; plaçons les trois autres poteaux par la méthode indiquée au n° 55 et cherchons les ombres portées sur le plan horizontal.

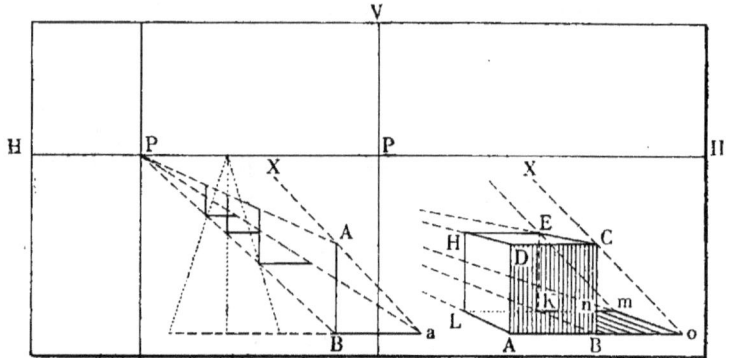

Fig. 43.

Soit un rayon lumineux X passant par le sommet A du poteau ; il viendra couper le plan du tableau en *a* sur une

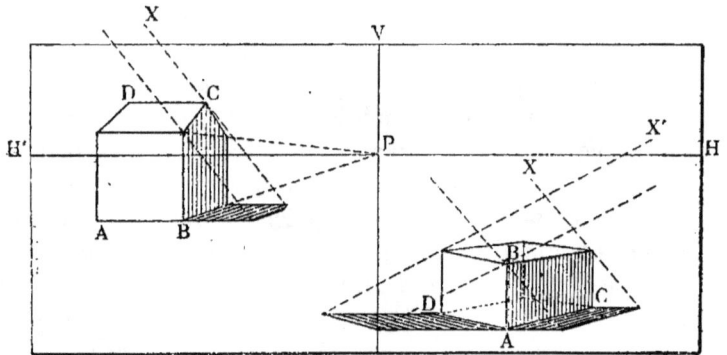

Fig. 44.

parallèle à la ligne d'horizon ; B*a* est l'ombre portée par le poteau sur le tableau. Toutes les ombres portées sont parallèles à la ligne d'horizon ; elles sont limitées par la fuyante aP.

Soit (fig. 43) le cube LKAB mis en perspective ; les arêtes AC et AD font un angle de 45° avec le plan du tableau. L'ombre portée par le cube est déterminée par les rayons lumineux passant par le sommet de l'arête BC et de l'arête KE.

L'ombre portée par BC est Bo l'ombre portée, par KE est mn. L'ombre portée par le cube est nmBo.

On établirait de même l'ombre portée par la maison ABCD (fig. 44).

69. **Principe du contraste.** — Soit une arête de mur AB séparant deux faces, l'une A complètement éclairée, l'autre complètement dans l'ombre. L'ombre et la lumière s'exaltent mutuellement en sens inverse l'une de l'autre ; au

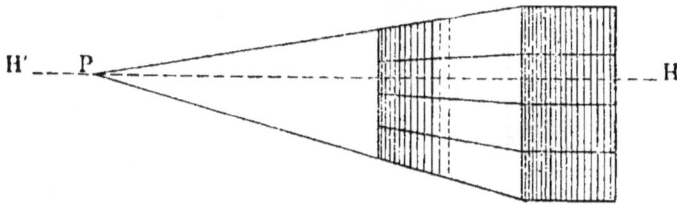

Fig. 45.

voisinage de l'arête il y a exaltation de la lumière et de l'ombre, principe du contraste que la figure 45 met en évidence.

Applications aux différents cas qui peuvent se présenter dans la pratique.

70. — *Faire à grande échelle le croquis perspectif de la lisière d'un bois* (fig. 46).

Plan, croquis au 1/4000.

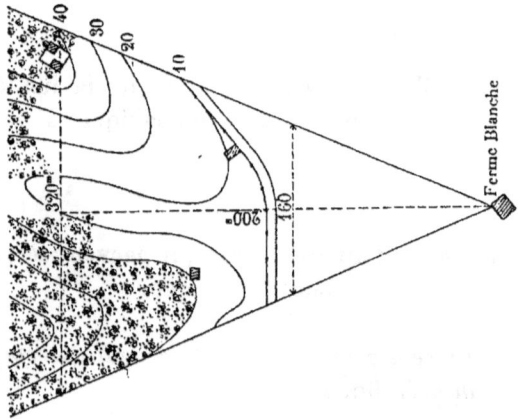

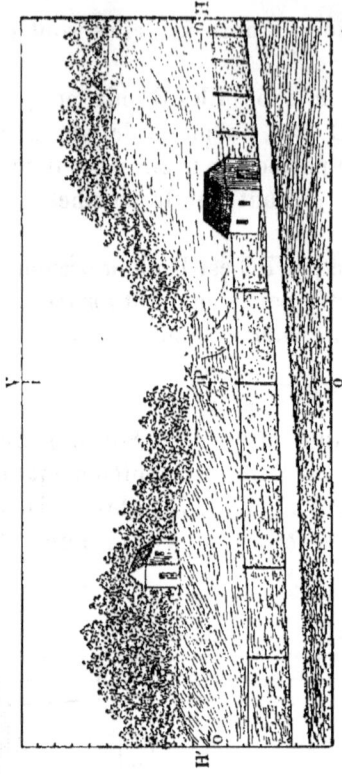

Ferme Blanche

Fig. 46.

Le plan en courbes de niveau donne le terrain à lever;
l'angle de vision étant de 45°, on aura au premier plan une
route et ses poteaux télégraphiques, au second plan une
maison de garde; au dernier plan une ferme, toutes deux
à la lisière du bois. Le terrain présente deux croupes bien
accusées; entre elles un thalweg formant trouée dans la
lisière boisée.

Mise au point. — L'observateur est à l'angle nord de la
ferme Blanche, à 200 m de la route. Il prend sa ligne d'horizon au-dessus de la toiture du hangar placé sur la route;
sa verticale première passe par la corne du bois de gauche.
La ligne d'horizon et le point principal sont placés. Il essaie
20 cm comme distance principale :

$$\frac{d}{l} = 1,25 \quad l = \frac{0,20}{1,25} = 0^m,16$$

Son dessin aura 16 cm de largeur.

Au premier plan, à 200 m de distance, la zone vue aura
comme largeur :

$$\frac{D}{F} = 1,25 \quad F = \frac{200}{1,25} = 160 \text{ m};$$

320 m au dernier plan à 400 m de distance.

Les arbres de haute futaie ont 20 m de hauteur en
moyenne; ils auront pour ordonnées pour la partie gauche
du dessin :

$$\frac{o}{0,20} = \frac{20}{280} = 0,014$$

au centre

$$\frac{o}{0,20} = \frac{20}{340} = 0,011$$

à droite

$$\frac{o}{0,20} = \frac{20}{400} = 0,010.$$

Ces dimensions lui paraissant convenir au but qu'il se propose d'atteindre, l'officier peut se mettre au travail.

Exécution. — Le travail ne présente aucune difficulté.

Au premier plan, à gauche de la verticale première, la route horizontale est dans un plan de front ; à droite, elle est inclinée d'environ 45° sur le plan du tableau, elle a son point de fuite au point de distance.

La lisière du bois est formée de droites d'inclinaison variable sur le plan du tableau, qui peuvent être facilement déterminées par les coordonnées de leurs extrémités.

71. — *Faire à grande échelle le croquis perspectif d'une usine située à flanc de coteau* (fig. 47).

L'usine est étagée sur la pente raide du versant, les bâtiments, et notamment les murs de soutènement, sont de construction très solide. Les caves, voûtées en plein cintre, permettent d'organiser facilement de bons abris souterrains.

L'usine est orientée dans sa plus grande largeur normalement à la direction de l'ennemi : la position est intéressante, en raison des étages de feux qu'elle permet d'organiser et des vues qu'elle a sur le terrain environnant.

L'officier qui a pris le croquis a eu surtout pour but de mettre en évidence la disposition en terrasses des bâtiments de l'usine. Il a placé sa ligne d'horizon très haut dominant la position et il a pris pour verticale première le bord même de son tableau, de manière à donner une idée très nette de l'ensemble.

La distance principale est de 20 cm, le point de vue est à 200 m de l'usine.

72. — *Mettre en perspective la lisière d'un village organisé défensivement par l'ennemi* (fig. 48).

Un coup de main doit être tenté sur le village de Saint-Éloi (19) ; des reconnaissances journalières reconnaissent la position. Un officier peut en rampant s'approcher jusqu'à 400 m de la lisière du village sur laquelle le coup de main

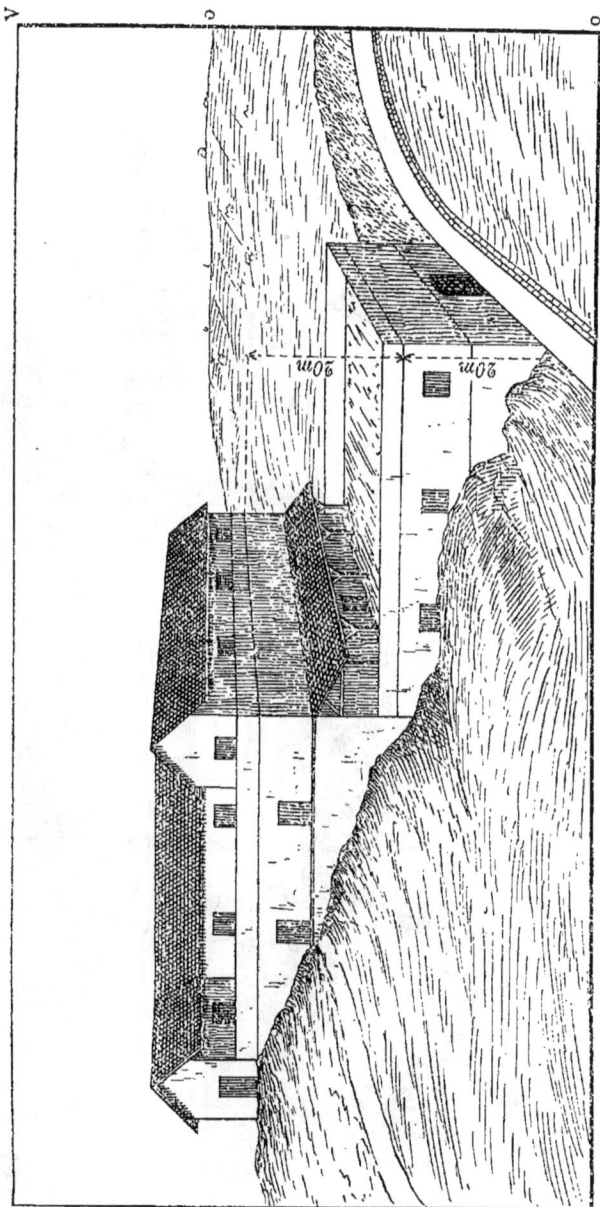

Fig. 47.

Fig. 48.

sera tenté ; il veut joindre à son rapport de reconnaissance un croquis perspectif de la position.

La lisière intéressante a environ 320 m de développement ; l'officier prendra 40 cm de distance principale, qui exigera une feuille de dessin de 32 cm ; l'ordonnée d'une maison de 12 m de hauteur sera de $\dfrac{0}{0,40} = \dfrac{12}{400} = \dfrac{12 \times 0,4}{400} = 12$ cm, suffisante pour placer tous les détails.

La figure 48 donne la partie gauche du croquis pris par l'officier, pour un front de 180 m ; il a voulu mettre en évidence les faits suivants :

1º Le front de la position est naturellement défendu par un étang ;

2º L'ennemi estimant cet obstacle suffisant s'est contenté de créneler les murs de clôture et les murs des bâtiments et de couper la route de Soissons par une simple tranchée de tir.

73. *Poste de guetteur.* — Croquis perspectif à placer dans le poste (fig. 49).

Les guetteurs de secteur surveillent une partie *nettement délimitée* des défenses ennemies ou des abords d'une position ; chaque poste doit autant que possible être muni d'un croquis perspectif de la zone de surveillance qui lui est assignée.

La figure 49 donne le croquis perspectif d'un poste de guetteur. La zone de surveillance du poste est *exactement limitée* par deux repères : à droite, un grand peuplier ; à gauche, la corne gauche d'un boqueteau.

La consigne du poste stipule que le guetteur doit tout spécialement surveiller :

1º Le débouché du chemin de Cléry par où les partis ennemis pourraient essayer de s'infiltrer en profitant du masque créé par le talus de déblai du chemin ;

2º Les maisons numérotées sur le plan 1, 2, 3, 4, souvent

visitées par les reconnaissances ennemies et où s'abritent des observateurs chargés de la surveillance de notre ligne.

Le repère de droite est à 40 m du poste d'observation ; le repère de gauche est à 110 m.

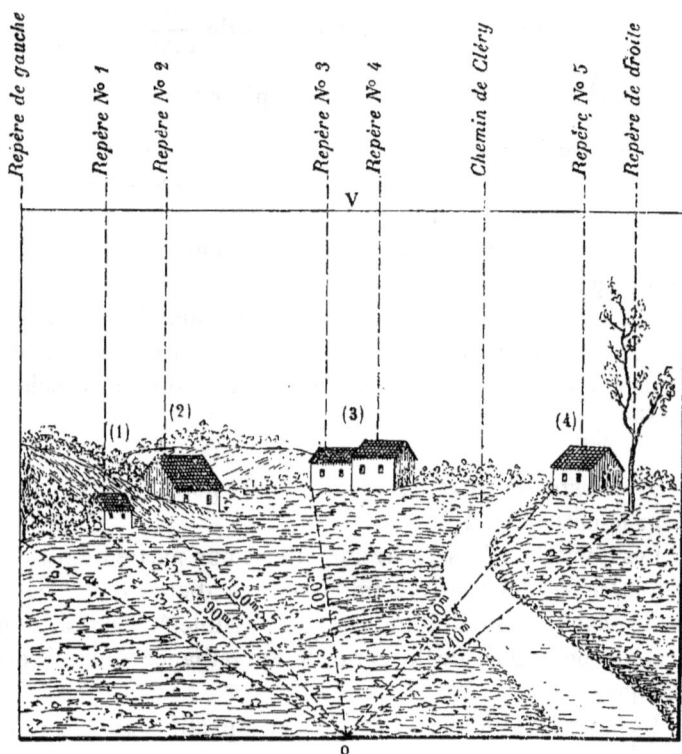

Fig. 49.

Le croquis porte exprimée en mètres la distance des points du terrain remarquables.

La zone surveillée à hauteur des maisons (3-4) a une largeur de 320 m environ, de 65 m à hauteur des repères.

74. Postes d'observation ou observatoires. — Le plan d'observation, annexe indispensable du plan de défense, fait connaître les différents observatoires du secteur ; ils se divisent en observatoires de renseignements à vues très étendues et observatoires à vues plus rapprochées, tels que les observatoires de tir et de réglage.

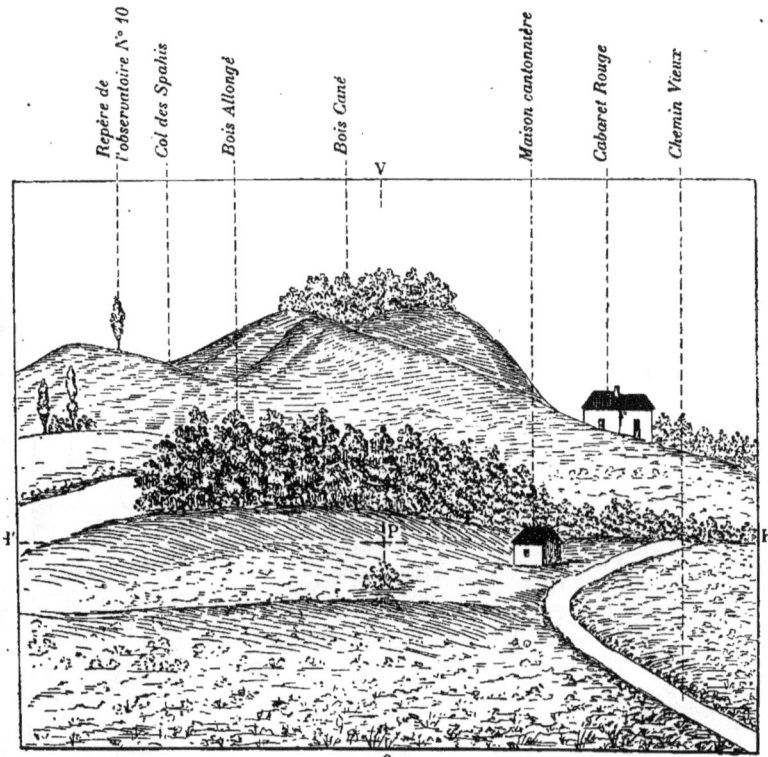

Fig. 50.

Pour ces derniers, l'angle de vision ne dépasse généralement pas 45°, ce qui donne un champ de vision de 400 m à 500 m, de 800 à 1.000 m. Nous donnons ci-après quelques exemples de croquis perspectifs s'appliquant à des observatoires à vues rapprochées.

75. *Poste d'observation n° 10* (fig. 5o).

Distance principale : 20 cm.

Largeur du dessin : 16 cm.

Le point de vue est à 200 m de la maison cantonnière.

La ligne d'horizon a été prise basse pour permettre de bien mettre en évidence les détails de la ligne de hauteurs qui sont au premier plan.

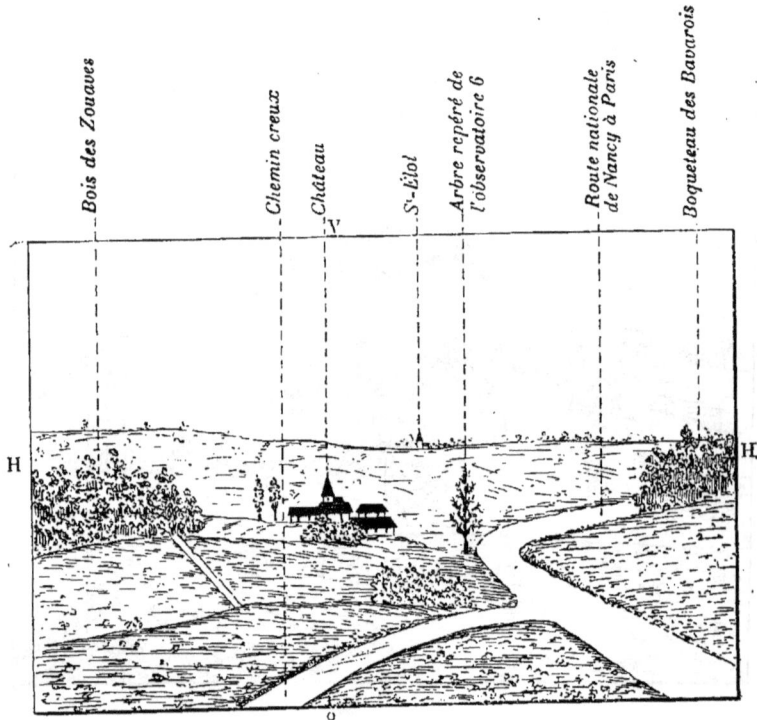

Fig. 5i.

La verticale première est au milieu du terrain, repérée par une touffe de broussailles.

Le repère du poste d'observation est un arbre isolé situé à gauche du tableau; il a été ainsi choisi parce qu'il est visible des deux observatoires voisins.

76. *Poste d'observation n° 6* (fig. 51). — Le terrain est à peu près plat devant le poste d'observation.

La ligne d'horizon a été prise au milieu du tableau ; la verticale première passe par le clocheton du château.

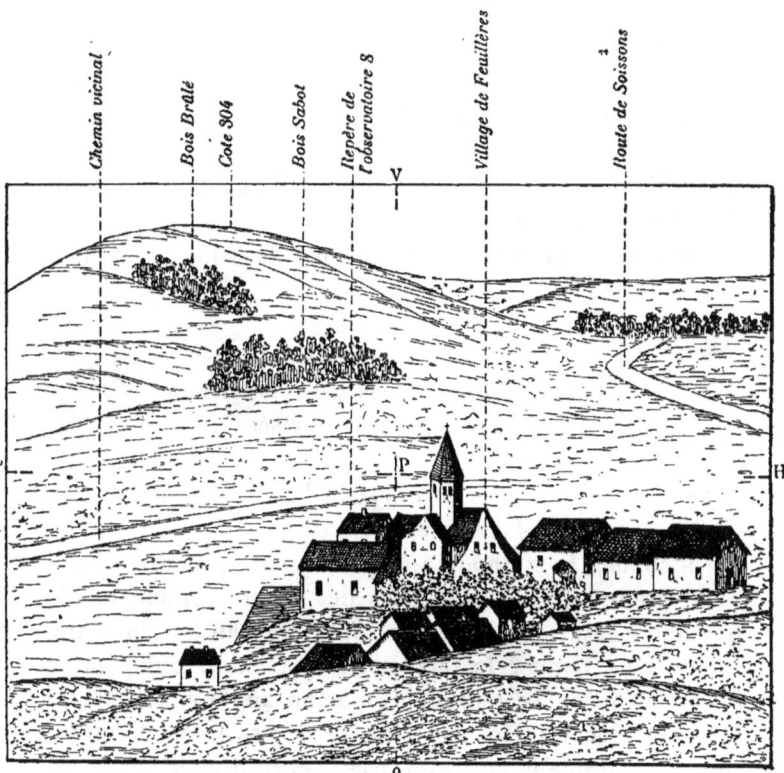

Fig. 52.

Distance principale : 15 cm.

Largeur du dessin : 12 cm.

Au premier plan, le bois des zouaves est à 200 m de l'observatoire ; au second plan, le château est à 450 m ; au dernier plan, le village de Saint-Éloi est à 1.200 m.

A hauteur du village, le champ de vision du poste mesure 960 m environ.

77. *Poste d'observation n° 8* (fig. 52).
Distance principale : 20 cm.
Largeur du tableau : 16 cm.

Au premier plan, le village de Feuillères à 230 m du poste d'observation ; au dernier plan, la cote 204 est à 1.600 m environ ; à cette distance la bande de terrain vue du poste d'observation a 1.300 m de largeur environ. La ligne d'horizon est à hauteur de la naissance du clocheton de l'église de Feuillères, on voit par conséquent du poste d'observation la toiture des maisons du village dominées par le poste.

Observatoires à vues très étendues.
Emploi du cercle de visée.

78. — Soit un observatoire dont l'angle de visibilité est de 3.111 millièmes d'artillerie.

On connaît la méthode à employer pour prendre avec la règle graduée les coordonnées des points principaux du paysage à lever (6) ; il faut se placer face au terrain et travailler sans remuer la tête, cette restriction obligeant à opérer dans un secteur limité par un angle maximum de 45°, soit 800 millièmes. Il faudra nécessairement opérer comme l'indique la figure 53, c'est-à-dire diviser l'angle de 3.111 millièmes en secteurs de 800 millièmes ou au-dessous. On fera le levé en opérant de proche en proche ([1]).

Cette opération reviendra en somme à faire le croquis perspectif sur des parties de cylindre égales et limitées par des angles de 45° et de développer ensuite le cylindre pour obtenir le croquis perspectif dans son ensemble.

([1]) *Topographie de campagne*, tome I, 42.

Les vues étant très étendues dans les deux sens, largeur et profondeur, l'officier devra prendre une distance principale suffisante pour que les parties intéressantes du paysage soient reproduites sur le croquis à une échelle assez grande.

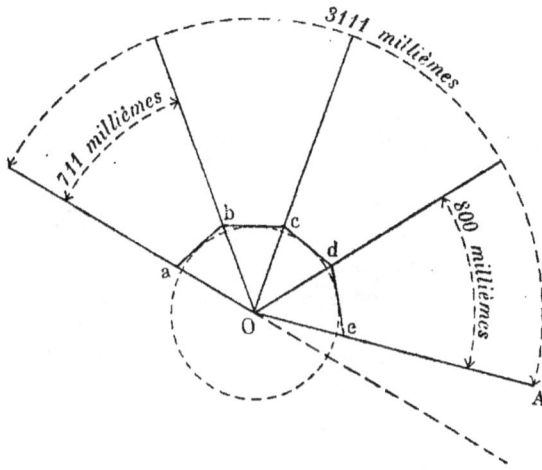

Fig. 53.

Dans le cas qui nous occupe, prenons 50 cm comme distance principale. Pour chaque secteur de 45°, la largeur du croquis sera de :

$$\frac{d}{l} = 1,25\, l = \frac{0,50}{1,25} = 0^m 40 \ \text{(fig. 54)}.$$

L'ensemble du croquis nécessitera donc :

$$\begin{array}{l} 3 \text{ feuilles de } 0^m 40 = 1^m 20 \\ 1 \text{ feuille de } 0^m 30 = 0^m 30 \\ \hline \qquad\qquad\qquad\quad 1^m 50 \end{array}$$

A 500 m de distance de l'observatoire, le champ de vision sera de :

Pour un secteur de 45° $= \dfrac{500}{1,25} = 400$ m.

Pour l'ensemble $= 400 \times 3 = 1.200 + 300 = 1.500$ m environ ; à 2.000 m de distance, de 6 km.

En ce qui concerne les ordonnées, nous aurons :

Pour une maison de 12 m de hauteur située à 500 m de l'observatoire :

$$\frac{o}{0,50} = \frac{12}{500} \qquad o = \frac{0,5 \times 12}{500} = 0^m 012.$$

Pour un mamelon de 50 m de hauteur :

$$\frac{o}{0,50} = \frac{50}{500} \qquad o = \frac{0,50 \times 50}{500} = 0^m 05.$$

à 2.000 m pour la maison $0^m 003$.
            pour le mamelon $0^m 0125$.

Ces opérations préliminaires permettront à l'officier de choisir sa distance principale, de calculer les dimensions des feuilles qui lui seront nécessaires pour dessiner son croquis, et de s'assurer que ces dimensions lui permettront d'avoir des ordonnées de grandeur suffisante pour faire ressortir les détails importants du paysage.

79. — Il tombe sous le sens que, pour un travail de cette importance portant sur des terrains qui peuvent s'étendre en profondeur sur plusieurs kilomètres, il ne sera guère possible d'utiliser la règle graduée que nous avons employée jusqu'ici pour établir les croquis à vues rapprochées ; il faudra avoir recours à un instrument plus précis et plus puissant, le *cercle de visée,* qui se trouve dans la collection des instruments de topographie dont sont dotés les états-majors de bataillon.

Ce cercle ([1]) donne en millièmes d'artillerie les angles horizontaux ; facilement transformé en niveau à perpendicule, il donne les angles verticaux ; la lecture des angles

---

([1]) *Topographie de campagne,* tome II, chapitre 2.

se fait facilement à cinq millièmes près. Grâce à sa lunette,
le cercle permet de viser exactement des points situés à
grande distance et de les placer exactement en perspective.
Dans ce cas, la graduation en millièmes portée sur les côtés
du dessin (5) doit être modifiée.

80. — Supposons la distance principale fixée à 5o cm, la
feuille de dessin aura 4o cm de largeur.

Dans le triangle AOB, l'angle AOB vaut 45°, ou 8oo millièmes ; l'angle POB, 22°3o' ou 4oo millièmes (fig. 54).

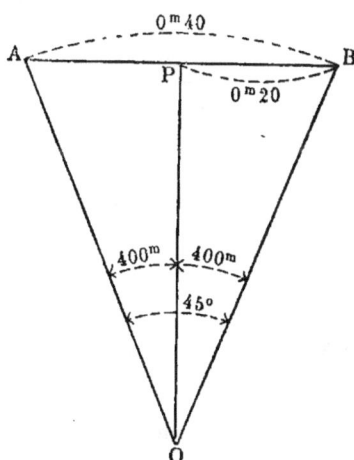

Fig. 54.

La longueur PB mesure 2oo mm, elle correspond à un
angle de 4oo millièmes, soit 1 mm pour un angle de
2 millièmes.

Une longueur de 5 mm correspondra donc à un angle de
1o millièmes donné par le cercle de visée, et la graduation
en millièmes d'artillerie pourra être établie comme l'indique
la figure 55.

81. — On pourra avoir dans le poste d'observation des

réglettes — diapasons ou *œil — réglettes* qui donneront instantanément les divisions à tracer sur les bords du dessin en fonction de la distance principale adoptée.

Œil-Réglette.

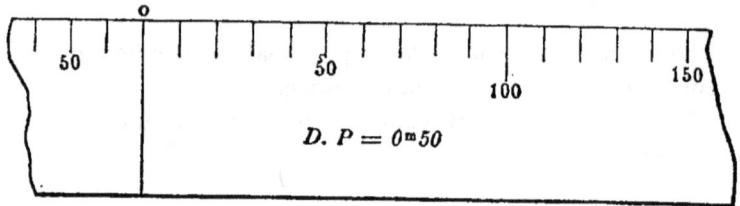

$$D. P = 0^m 50$$

Fig. 55.

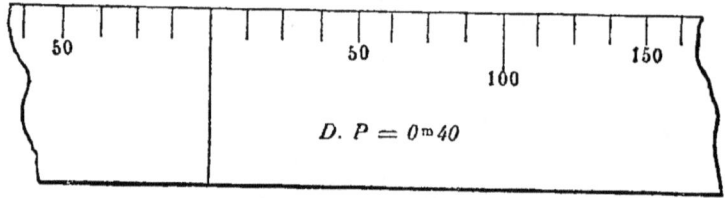

$$D. P = 0^m 40$$

Fig. 56.

La figure 56 donne un œil-réglette pour la distance principale de 40 cm.

Largeur de la feuille de dessin $\dfrac{d}{l} = 1,25$.

$$l = \frac{d}{1,25} = \frac{0,40}{1,25} = 0^m 32.$$

160 mm correspondent à un angle de 200 millièmes; 1 mm correspondra à un angle de $1^{mill}25$; 4 mm correspondront à $4 \times 1,25$ ou à un angle de 5 millièmes.

82. — Le cercle de visée permet à l'officier de renseignements d'augmenter sans aucune difficulté la distance principale suivant le but qu'il se propose d'atteindre; avec la réglette, la distance principale ne peut guère dépasser

pratiquement la longueur de 5o cm; avec le cercle de visée la distance principale peut être augmentée sans aucune difficulté pratique.

La figure 57 donne la réduction au dixième du croquis perspectif d'une même position établi avec les distances principales de 4o cm et de 1 m, le premier avec la règle graduée, le second avec le cercle de visée.

83. *Exécution du croquis perspectif ou panorama.* — La méthode est identique à celle que nous avons indiquée pour un levé de campagne (¹); il faut d'abord examiner le paysage, élaguer les détails inutiles et dégager de l'ensemble les lignes caractéristiques du terrain : lignes de faîte, lignes de crête, cols, changements de pente, sommets, thalwegs, etc. On a vu que, une droite du terrain étant donnée, il suffit de placer exactement sur le croquis la perspective de deux de ces points pour avoir la perspective de la droite entière et, en appliquant les règles posées (4o), son point de fuite.

On placera tout d'abord parmi les grandes lignes du terrain celles qui, présentant une particularité remarquable, peuvent servir à tracer par comparaison les autres lignes du paysage (52); ce sont les verticales, les horizontales de front, les horizontales perpendiculaires au tableau ou faisant avec le tableau un angle de 45°, les obliques parallèles montantes ou descendantes, normales au tableau ou faisant avec le tableau un angle de 45°.

84. — La mise en perspective correcte de ces lignes caractéristiques fixant le relief du sol tel qu'il apparaît réellement aux yeux de l'officier topographe, fixera le canevas, l'ossature du croquis perspectif; sur cette charpente viendront se placer tous les détails de la planimétrie, tels que routes, lignes d'arbres, contour des villages, arbres isolés,

---

(1) *Topographie de campagne,* tome I, 82-83.

boqueteaux, bois, limites de culture, etc. Si le canevas est bien établi, le croquis sera bon ; il sera défectueux, si le canevas ne s'appuie pas sur les lignes caractéristiques du terrain.

Une recommandation essentielle est de ne pas se laisser absorber par les détails ; il faut généraliser et ne conserver que ce qui est compatible avec l'échelle adoptée. On doit éviter la minutie dans le détail, et ne pas compter par exemple les arbres d'un verger ou les fenêtres d'une maison, mais on doit conserver la forme particulière de certains détails de premier ou de second plan, par exemple la forme pyramidale d'un arbre servant de repère, des détails caractéristiques d'une toiture qui permettent de la retrouver parmi les maisons voisines.

85. *Esquisse et mise au point définitive.* — Le croquis doit être tout d'abord dessiné, et tous les détails doivent être placés par des traits au crayon très légèrement appuyés, sous la forme d'une esquisse aussi exacte que possible ; on estompe ensuite les parties ombrées en se rappelant la règle suivante : *Les plans perdent de leur intensité à mesure qu'ils s'éloignent.*

Les ombres, placées en supposant le soleil situé à l'ouest du paysage et dans le plan du tableau (fig. 57), seront accentuées au premier plan ; elles deviennent moins noires au second plan et diminuent d'intensité pour devenir grises dans les lointains, au dernier plan. Il en est de même pour les lumières, très vives au premier plan, moins vives au second plan et ainsi de suite ; de telle sorte que dans les lointains la différence de teinte entre les parties dans l'ombre et celles qui sont éclairées devient de moins en moins accusée ; on fera donc ressortir les différents plans en hachurant fortement le premier plan et en diminuant progressivement la force des hachures en s'éloignant vers les lointains.

La figure 58 donne la réduction au quart du croquis

perspectif d'un observatoire pour un angle de vision de
45°.

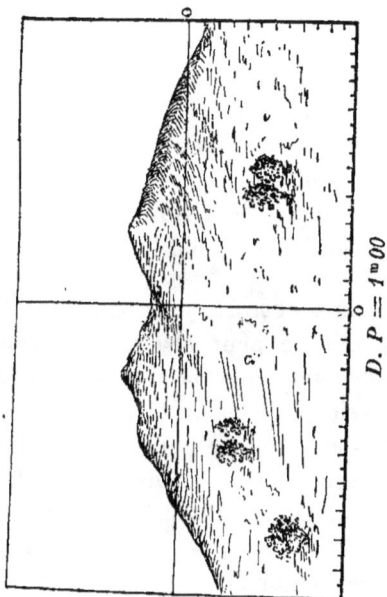

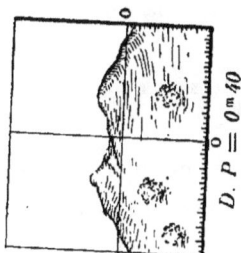

Fig. 57.

Fragments du croquis perspectif d'un observatoire, réduction au 1/10.

La distance principale est de 80 cm ; la feuille de dessin
mesure $\dfrac{d}{l} = 1,25$, soit :

$$l = \frac{0,80}{1,25} = 0^m 64.$$

Le village de Sainte-Marie est à 140 m du poste d'observation.

La figure 59 donne la réduction au dixième du croquis perspectif d'un observatoire dont l'angle de visibilité est de 3.111 millièmes.

Le croquis perspectif placé dans le poste d'observation mesure 1^{m}50 de largeur; la distance principale est de 50 cm. L'ensemble du dessin comporte trois feuilles de 40 cm et une feuille de 30 cm, correspondant les trois premières à un angle de visibilité de 800 millièmes, la quatrième à un angle de 711 millièmes (76).

86. *Échelle d'un croquis perspectif*. — L'échelle d'un croquis perspectif ne peut être définie comme l'échelle d'un croquis de campagne, le rapport constant qui existe entre les dimensions réelles du terrain et les dimensions du croquis; cette définition ne peut être appliquée que pour les figures situées dans un même plan de front. En effet, l'angle de visibilité maximum étant fixé à 45° quel que soit le croquis à exécuter, la largeur de la zone vue d'un observatoire quelconque ne peut varier qu'avec la distance. Le rapport entre ces deux longueurs est constant et égal à 1,25, soit en appelant D la distance et F la largeur du front couvert (17).

$$\frac{D}{F} = 1,25 = \frac{5}{4}.$$

Par conséquent, pour un observatoire quelconque, la largeur du front couvert sera de :

à 100 mètres : $\dfrac{100}{F} = \dfrac{5}{4} = 80$ m.

à 500 — : $\dfrac{500}{F} = \dfrac{5}{4} = 400$ m.

à 1.200 — : $\dfrac{1.200}{F} = \dfrac{5}{4} = 960$ m.

et ainsi de suite.

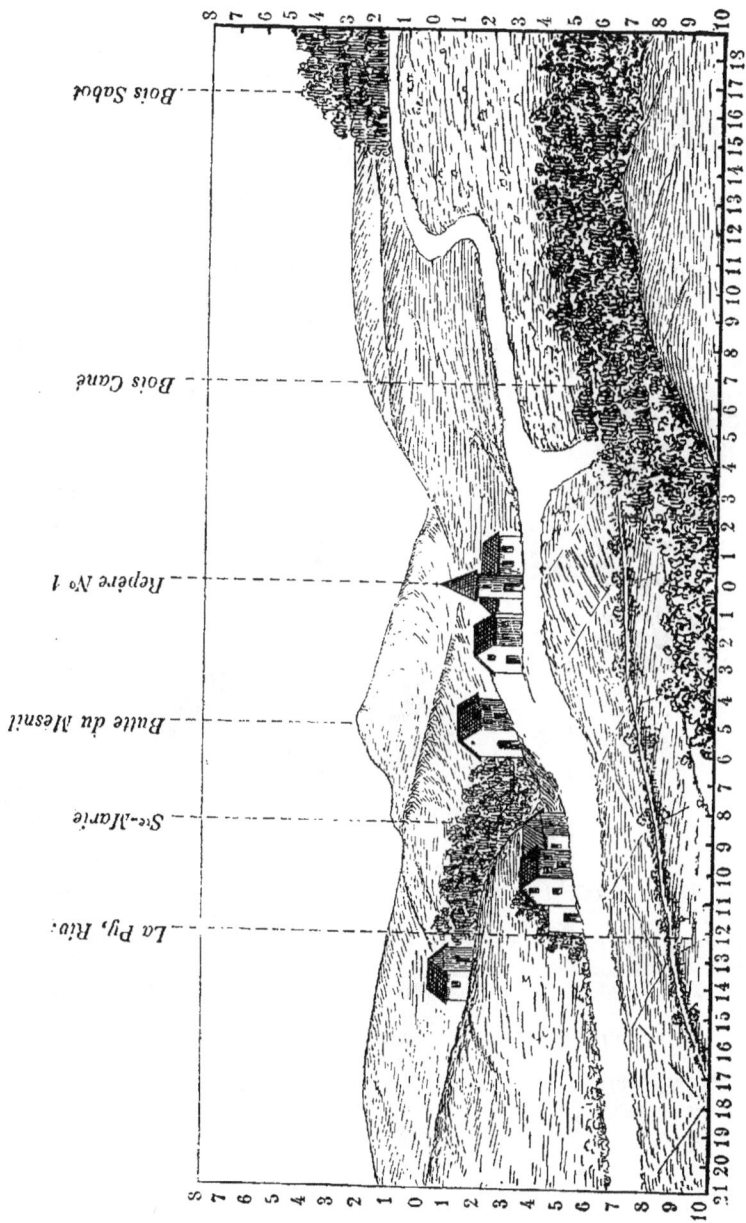

Réduction au 1/4 du croquis perspectif d'un observatoire.

Bois Sabot

Bois Cané

Repère N° 1

Butte du Mesnil

Ste-Marie

La Pij, Riv.

Fig. 58.

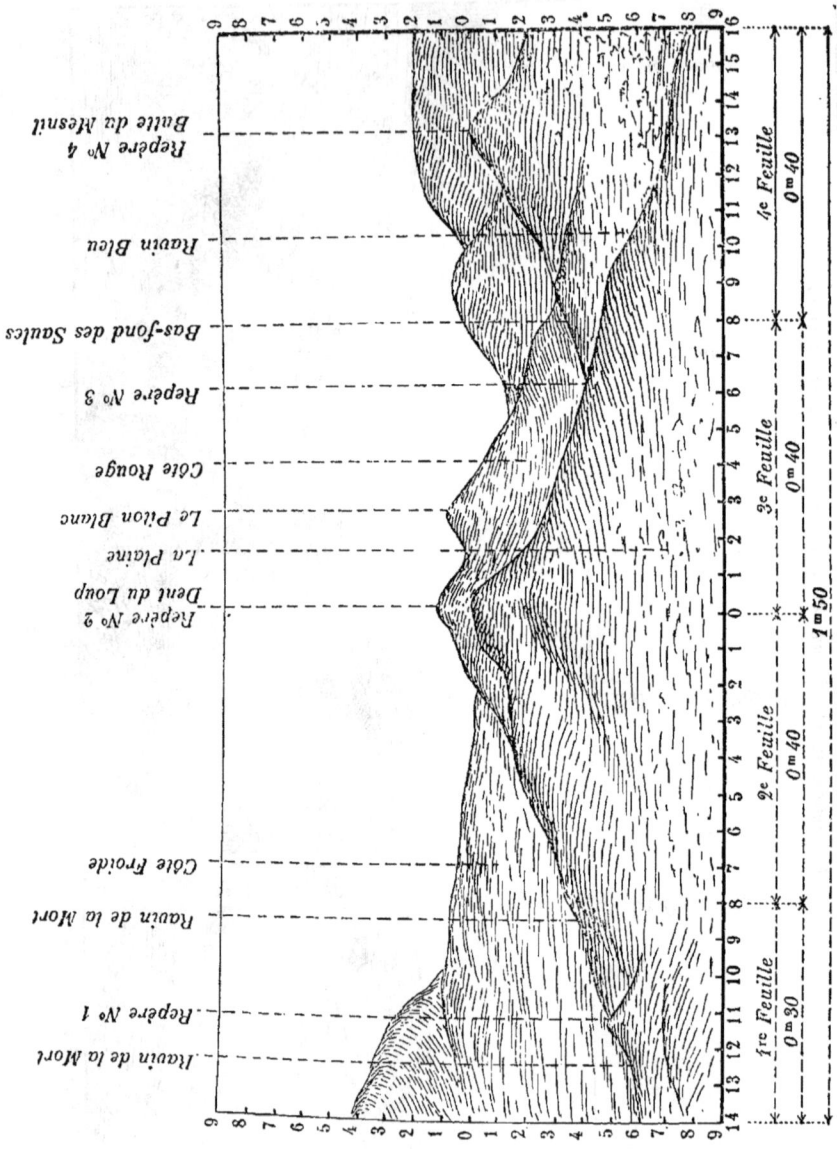

Réduction au 1/10 du croquis perspectif d'un observatoire à vues très éloignées.

La largeur du dessin dépend de la distance principale. Le rapport entre ces deux longueurs est constant et égal à $1,25 = \dfrac{5}{4}$.

En appelant d la distance principale, l la largeur de la feuille de papier, nous aurons :

$$\frac{d}{l} = 1,25 = \frac{5}{4}.$$

Avec une distance principale de 5o cm, nous aurons pour la largeur du dessin :

$$\frac{0,5o}{l} = \frac{5}{4} = 0^m 4o.$$

Par suite, à 100 m de distance de l'œil de l'observateur, une zone de 8o m de largeur sera représentée par un dessin de 4o cm. L'échelle des longueurs sera :

$$E = \frac{0,4o}{8o} = \frac{4}{8oo} = \frac{1}{200}$$

à 5oo m. de distance $E = \dfrac{0,4}{4oo} = \dfrac{4}{4.000} = \dfrac{1}{1.000}$

à 1.200 m. de distance $E = \dfrac{0,4}{96o} = \dfrac{4}{9.6oo} = \dfrac{1}{2.4oo}.$

Pour les hauteurs, nous avons la relation $\dfrac{o}{d} = \dfrac{H}{D}$ (17).

L'échelle $E = \dfrac{o}{H} = \dfrac{d}{D}.$

Pour 100 m., $E = \dfrac{d}{D} = \dfrac{0,5}{100} = \dfrac{1}{200}$

pour 5oo m., $E = \dfrac{0,5}{5oo} = \dfrac{1}{1.000}$

pour 1.200 m., $E = \dfrac{0,5}{1.200} = \dfrac{1}{2.4oo}.$

Par conséquent, pour un même plan de front, l'échelle des longueurs et des hauteurs sera donnée par l'égalité :

$$E = \frac{d}{D}.$$

Cette formule permettra de fixer rapidement l'échelle des longueurs et des hauteurs d'un croquis perspectif pour tous les cas qui peuvent se présenter dans la pratique.

85. Exemples. — *Un officier veut faire un croquis perspectif pour mettre en évidence la position d'un mamelon isolé situé à 600 m de distance et dont le relief au-dessus du terrain environnant est de 80 m. Quelle échelle adoptera-t-il ?*

La formule est :

$$E = \frac{d}{D}.$$

Il essaie la distance principale 50 cm.
Il aura :

$$E = \frac{0,50}{600} = \frac{1}{1.200}, \text{ soit 1 mm pour } 1^m 20.$$

Le mamelon aura pour ordonnée :

$$\frac{80}{1,2} = 6^{mm}6.$$

Cette échelle ne lui paraît pas suffisante pour faire ressortir certains détails importants ; il augmentera sa distance principale et prendra 1 m.
Il aura :

$$E = \frac{1}{600}, \text{ soit 1 mm pour } 0^m 60.$$

Le mamelon aura pour ordonnée :

$$\frac{80}{0,60} = 133 \text{ mm.}$$

Mais, dans ce cas, la réglette ne sera pas suffisante; il devra prendre le cercle de visée. S'il n'a pas cet instrument sous la main, il pourra se rapprocher du mamelon, à 400 m par exemple.

Il aura alors :

$$E = \frac{d}{D} = \frac{0,50}{400} = \frac{1}{800},$$

soit pour l'ordonnée :

$$\frac{80}{0,8} = 100 \text{ mm.}$$

Son dessin aura une largeur de :

$$\frac{d}{l} = 1,25 = \frac{5}{4}$$
$$l = \frac{4\,d}{5} = \frac{4 \times 0,5}{5} = 0^m 40.$$

88. — *Un village marqué sur le plan directeur au $\frac{1}{5.000}$ présente un périmètre de 260 m visible d'un observatoire situé à 1.200 m de distance. Dans la contrée, les maisons ont une hauteur variant de 8 à 12 m. Quelles seront les dimensions du village sur un croquis perspectif fait de l'observatoire avec une distance principale de 20 cm.*

Nous aurons (86) :

$$E = \frac{d}{1.200} = \frac{0,2}{1.200} = \frac{2}{12.000} = \frac{1}{6.000}, \text{ soit } 1 \text{ mm pour } 6 \text{ m.}$$

$$\text{Coordonnées du village} \begin{cases} \text{abscisse-périmètre visible :} \\ \qquad \dfrac{260}{6} = 47 \text{ mm.} \\ \text{ordonnée-hauteur moyenne des maisons :} \\ \qquad \dfrac{10}{6} = 1^{mm}67. \end{cases}$$

La largeur de la feuille de dessin sera :

$$\frac{d}{l} = \frac{5}{4}$$

$$l = \frac{4\,d}{5} = \frac{4 \times 0,2}{5} = 0^m16.$$

89. **Résumé.** — En résumé, les seules formules à retenir sont les suivantes :

Soient d la distance principale, D la distance d'un plan de front à l'œil de l'observateur, H la longueur d'une verticale de ce plan, F la longueur d'une horizontale du même plan, l la largeur du dessin, E l'échelle pour le plan de front considéré.

Nous avons les relations :

$$\frac{d}{l} = 1,25 = \frac{5}{4} \qquad E = \frac{d}{D}.$$

L'abscisse f correspondant à la longueur F sera $f = F \times E$.

L'ordonnée o correspondant à la longueur H sera $o = H \times E$.

90. *Indications principales à porter sur un croquis perspectif.*

Il faut indiquer :

1° La ligne d'horizon ;

2° La verticale première, soit l'axe des abscisses et l'axe des ordonnées ;

3° Sur les bords de la feuille, la graduation en millimètres et la graduation correspondante en millièmes d'artillerie ;

4° Le point de vue, c'est-à-dire le point d'où a été pris le croquis perspectif; ce point doit être repéré sur une carte et de préférence sur le plan directeur; il faut indiquer aussi la zone comprise dans le croquis. Le procédé le plus pratique est de dessiner dans un angle du tableau un extrait du plan sur lequel on portera le point de vue, ou l'observatoire, et l'angle de 45°, comme il est indiqué à la figure 21.

Conclusions.

91. En campagne, le croquis perspectif est un document militaire qui doit être établi avec la même précision qu'un levé topographique; l'observation de quelques règles essentielles de perspective a simplement pour but d'éviter des erreurs grossières qui déformeraient le croquis et le rendraient illisible.

Pour prendre un croquis perspectif, l'officier topographe aura à sa disposition une *règle graduée,* qu'il peut toujours avoir dans sa musette, ou bien un cercle de visée qu'il prendra à l'État-major du bataillon.

Les croquis perspectifs à exécuter en campagne peuvent se classer en deux catégories :

1° Les *croquis à vues rapprochées* qui sont pris avec la règle graduée; pratiquement, la distance principale ne doit pas dépasser 5o cm. Ces croquis sont généralement mis à l'appui d'un rapport de reconnaissance; ils peuvent servir, suivant l'échelle adoptée, à donner l'ensemble d'une position ou à mettre en évidence un détail important d'une position reconnue, ou bien encore à préciser la zone de surveillance attribuée à un poste de guetteur ;

2° Les *croquis à vues éloignées* qui sont pris avec le cercle de visée, pouvant être facilement transformé en niveau à perpendicule; pratiquement, la distance principale peut être supérieure à 5o cm et être augmentée sans difficultés. Ces croquis, de dimensions souvent importantes, sont placés dans les postes d'observation ou dans les observatoires; ils mettent sous les yeux de l'observateur un plan panoramique du paysage vu du poste, sur lequel il peut placer exactement tous les renseignements importants recueillis par l'observation journalière et notamment tous les changements survenus dans les lignes ennemies.

La règle graduée, pour les vues rapprochées, le cercle de visée pour les vues éloignées, donnent les angles horizontaux et verticaux, et par conséquent les abscisses et les ordonnées avec une approximation très largement suffisante; de plus, ces coordonuées directement fournies par les instruments peuvent être très rapidement vérifiées par le calcul. L'officier, même débutant, a donc toutes les facilités, s'il veut suivre les règles indiquées, pour donner à ses premiers croquis perspectifs les qualités essentielles en premier lieu requises par le commandement, *la clarté et la précision;* le reste, qualités d'exécution et de rendu, qui touche à la note artistique, est de beaucoup moins important; il viendra tout seul et rapidement après quelques essais consciencieux.

FIGURES PRINCIPALES

TABLE DES MATIÈRES

NANCY, IMPRIMERIE BERGER-LEVRAULT — JUILLET 1918

LIBRAIRIE MILITAIRE BERGER-...

PARIS, 5-7, RUE DES BEAUX-ARTS — RUE ...

Éléments de Topographie militaire, ...
lerie, par P. Maisons, lieutenant au 89ᵉ régiment ...
1918. Brochure in-12, avec 36 figures et ...

La Clé des Champs. *Le régiment sur le terrain ...
dehors (leçons de choses; les images, le ...*
par le commandant Morelle. (3ᵉ édition. 1917. In-... ...
en couleurs, broché ...

Lecture de la Carte et Service en campagne ...
et élèves brigadiers de cavalerie. 1911. Volume in-12 ...

Évaluation des Distances. *Méthode simple et pratique ...
sance des objectifs et du terrain*, par le général ...
chure in-8 de 55 pages, avec une planche hors texte ...

Carnet d'exécution pour Croquis de Reconnaissance ...
circulaire ministérielle du 14 février 1908 (Direction de ...
matériel). — Nᵒ 28). Feuilles à souche perforées, avec une ...
In-18 ...

Quand le Soleil est-il à l'Est ? À ceux qui croient ... ...
pour combattre une erreur trop répandue, par L. Gra... ...
du génie breveté. 1910. Brochure in-8, avec 16 figures ...

Boussole et Direction. *Causerie pratique ... ...
ment*, par le capitaine d'infanterie G. Morand, ...
14 figures et 2 cartes, broché ...

**Abréviations et Signes topographiques en usage ... ...
ments militaires allemands**, par G. Ba... ...
militaires de réserve. 1913. In-8 de 89 pages, avec figures ...

**Les Abréviations et Signes abréviatifs usités dans ... ...
glaise**, à l'usage des officiers en général et des offi... ...
culier, par Jean Baerz, officier interprète ...

**Manuel des Travaux de campagne de l'Officier ...
lieutenant C.-L. Carpe. 1916. Volume in-8 ...

La Vie de Tranchée. 1916. Volume in-12 ...

La Tranchée, par le commandant Morand. 1915. Brochure ...

Mines et Tranchées, par H. de Vianet. 1916. Volume in-... ...

**Instruction allemande sur le Service du Pionnier ...
de siège (1913).** Traduction faite à la S. 1. G. ... ...
1916. Volume in-8 étroit, avec ... figures, cartonné ...

**Service du Pionnier allemand. Cartes annexes ...
du 15 décembre 1911).** Traduction ... la S. 1. G. ... ...
1918. Volume in-8 étroit, avec 363 figures, cartonné ...

Histoire de la Guerre souterraine, par A. Gra... ...
ancien élève de l'École polytechnique. 1914. Un volume ...
18 planches hors texte, broché ...

La Fortification dans la guerre japonaise ... ...
1914. Un volume in-8, avec 16 figures, broché ...

Sébastopol. Guerre de Mines, par ... ...
in-8, avec 4 planches in-folio ...

Agenda militaire Berger-Levrault pour 1919. ... ...
l'usage des officiers et sous-officiers de toutes armes. ... ...
mince, de 448 pages, relié souple avec bande élastique ... ...
— *Édition à l'usage des officiers supérieurs, adjudants ...*
généraux de toutes armes ...